技能型人才培养实用教材

高等职业院校土木工程"十三五"规划教材

建筑工程施工组织与管理实训

主　编　孙晶晶　王红梅　韩　琪

副主编　高涛涛　王丽英　刘　洋

U0390352

西南交通大学出版社

·成都·

内容提要

本书是《建筑工程施工组织与管理》的配套实训教材。本书的编写站在建筑工程承包商的角度，以建筑工程施工技术为基础，以项目管理和企业管理理论为指导，坚持理论与实践相结合、施工技术与组织管理相结合的原则，重点突出建筑工程项目管理的方法与实践操作。全书共 8 个实训项目：建筑工程施工准备、建筑工程流水施工实训、网络计划技术实训、施工方案的选择、单位工程施工进度计划的编制、单位工程施工组织设计、建筑工程招标投标和建筑工程施工质量控制。

本书可作为工程管理、土木工程专业的实训教材和教学参考用书，也可作为施工企业项目经理和工程技术人员的参考资料。

图书在版编目（CIP）数据

建筑工程施工组织与管理实训 / 孙晶晶，王红梅，韩琪主编. 一成都：西南交通大学出版社，2016.9
（技能型人才培养实用教材 高等职业院校土木工程"十三五"规划教材）
ISBN 978-7-5643-5060-4

Ⅰ. ①建… Ⅱ. ①孙… ②王… ③韩… Ⅲ. ①建筑工程－施工组织－高等职业教育－教材②建筑工程－施工管理－高等职业教育－教材 Ⅳ. ①TU7

中国版本图书馆 CIP 数据核字（2016）第 229276 号

技能型人才培养实用教材
高等职业院校土木工程"十三五"规划教材
建筑工程施工组织与管理实训
主编 孙晶晶 王红梅 韩 琪

责 任 编 辑	曾荣兵
封 面 设 计	何东琳设计工作室
	西南交通大学出版社
出 版 发 行	（四川省成都市二环路北一段 111 号
	西南交通大学创新大厦 21 楼）
发行部电话	028-87600564　028-87600533
邮 政 编 码	610031
网　　　址	http://www.xnjdcbs.com
印　　　刷	四川森林印务有限责任公司
成 品 尺 寸	185 mm × 260 mm
印　　　张	5.5
字　　　数	145 千
版　　　次	2016 年 9 月第 1 版
印　　　次	2016 年 9 月第 1 次
书　　　号	ISBN 978-7-5643-5060-4
定　　　价	15.00 元

课件咨询电话：028-87600533
图书如有印装质量问题 本社负责退换
版权所有 盗版必究 举报电话：028-87600562

前　言

　　本书为了更好地满足实训教学及施工生产的需要，进一步深化和规范项目管理，从实际出发，系统地总结了我国建设工程项目管理的实践经验，分析了工程项目施工过程中生产诸要素的规律，阐明了建筑工程项目规律的基本原理和方法。

　　本书主要从建筑施工承包商的角度出发，以工程项目的施工组织与管理为立足点，对施工准备、流水施工实训、网络计划技术实训、施工方案的选择、单位工程施工进度计划的编制、单位工程施工组织设计、建筑工程招标投标和建筑工程施工质量控制各主要环节的关键问题都做了详细的阐述，并引入大量案例，将各主要环节与实践相扣，连接成一个有机整体。

　　本书由重庆能源职业学院孙晶晶、王红梅，潍坊工程职业学院韩琪担任主编；重庆能源职业学院高涛涛，重庆建筑工程职业学院王丽英，重庆能源职业学院刘洋担任副主编。具体编写分工为：孙晶晶编写项目 1、7，王红梅编写项目 3、4，刘洋编写项目 2，韩琪编写项目 5，高涛涛编写项目 6，王丽英编写项目 8。

　　本书在编写过程中，参考了国内外同类教材和相关资料，在此表示深深的谢意！同时，对为本书付出辛勤劳动的编辑同志们表示衷心的感谢！感谢家人对我们工作的支持！

　　由于编者水平有限，书中难免有缺点和不当之处，恳请各位读者批评指正，不胜感激。

编　者

2016 年 3 月

目　录

项目 1 建筑工程施工准备

1.1 图纸会审

【实训目标】

1. 能力目标

（1）具备初步阅读建筑施工图的能力。

（2）具有能参与图纸会审、编写会审纪要的能力。

2. 知识目标

（1）熟悉参建各单位对图纸工作的组织和会审图纸的要求。

（2）掌握图纸会审的组织和程序。

（3）掌握图纸会审会议纪要的编写要点。

【实训成果】

图纸会审会议纪要

1.1.1 图纸会审工作的一般组织程序

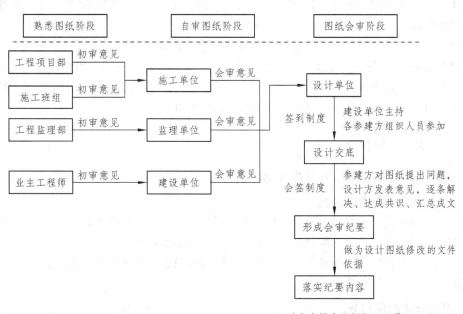

1.1.2　对熟悉图纸的基本要求

（1）先粗后细：就是先看平、立、剖面图，对整个工程的概貌有一个轮廓的了解，对总的长宽尺寸、轴线尺寸、标高、层高、总体的印象。然后再看细部做法，核对总尺寸与细部尺寸。

（2）先小后大：首先看小样图再看大样图，核对在平、立、剖面图中标注的细部做法与大样图的做法是否相符；所采用的标准构配件图集编号、类型、型号与设计图纸有无矛盾；索引符号是否存在漏标；大样图是否齐全等。

（3）先建筑后结构：就是先看建筑图后看结构图，并对建筑图与结构图进行相互对照，核对其轴线尺寸、标高是否相符，有无矛盾，查对有无遗漏尺寸、有无构造不合理之处。

（4）先一般后特殊：应先看一般的部位及其要求，后看特殊的部位及其要求。特殊部位一般包括地基处理方法、变形缝的设置、防水处理要求以及抗震、防火、保温、隔热、隔音、防尘、特殊装修等技术要求。

（5）图纸与说明结合：要在看图纸时对照设计总说明和图中的细部说明，核对图纸和说明有无矛盾，规定是否明确，要求是否可行，做法是否合理等。

（6）土建与安装结合：看土建图时，应有针对性地看一些安装图，并核对与土建有关的安装图有无矛盾，预埋件、预留洞、槽的位置及尺寸是否一致，了解土建工程的安装要求，以便考虑在施工中的协作问题。

（7）图纸要求与实际情况结合：就是核对图纸有无不切合实际之处，如建筑物相对位置、场地标高、地质情况等是否与设计图纸相符；对一些特殊的施工工艺，施工单位能否做到等。

1.1.3　自审图纸阶段的组织工作

施工单位：由拟建工程项目经理部组织有关工程技术人员认真熟悉图纸，了解设计意图与建设单位要求及施工应达到的技术标准，明确工艺流程。

监理单位：图纸会审是一个展示技术力量的平台，监理单位应当利用这个平台，提高监理工程师在建设项目管理中的威信。图纸会审过程中，拟建工程总监理工程师应将各专业的施工图分发给相应专业的各专业监理工程师，将各专业的施工图吃透，找出错误、遗漏、缺项等问题，并应检查施工图执行强制性规范及新版施工验收标准的情况等。

1.1.4　图纸会审阶段

1. 图纸会审人员（下列人员应参加图纸会审）

建设方：现场负责人员及其他技术人员；

设计方：设计院总工程师、项目设计负责人及各个专业设计负责人；

监理方：项目总监、副总监及各个专业监理工程师、监理员等；

施工单位：项目经理、项目副经理、项目总工程师及各个专业技术负责人；

其他相关单位：技术负责人。

2. 图纸会审时间控制

一般情况下，设计施工图分发后3个工作日内，由建设单位（或监理单位）负责组织建设、设计、监理、施工单位及其他相关单位进行设计交底。设计交底后15个工作日内由监理负责组织上述单位进行图纸会审。

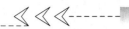

3. 图纸会审会议的一般程序

4. 图纸会审注意事项

（1）图纸会审会议由建设单位（或委托监理单位）主持，主持单位应做好会议记录，参加人员签字。

（2）图纸会审中，施工单位、监理单位及其他各个专业的工程技术人员针对自己自审发现的问题或对图纸的优化建议，应以文字性汇报材料分发给会审人员讨论。

（3）图纸会审中，对每个单位提出的问题或优化建议，在会审会议上必须经过讨论作出明确结论；对需要再次讨论的问题，在会审记录上明确最终答复日期。

（4）图纸会审记录一般由监理单位负责整理并分发，由各方代表签字盖章认可后，各参建单位执行、归档。

（5）各个参建单位对施工图、工程联系单及图纸会审记录应做好备档工作。

（6）对作废的图纸，设计单位应以书面形式通知各参建单位自行处理，不得影响施工。

（7）施工方及设计方专人对提出和解答的问题做好记录，以便查核。

特别提示：图纸会审应当以施工单位为主提出问题。监理方形成的纪要中，施工单位已经提到的问题监理方可不再提，但施工单位未提及的问题监理方应当补充。提出问题是为了很好地解决这些问题，解决这些问题是以设计方为主，因为施工图的责任主体方是设计单位，监理方应注意提出问题的方法、方式，应善意地同设计方协商、商量。解决同一个问题的方法及途径多种多样，因此监理人员的思路应当开阔，并应充分尊重设计方，同设计方搞好关系，对今后在监理过程中各方的配合协调都有益无害。

5. 编写图纸会审会议纪要

会审纪要作为与施工图纸具有同等法律效力的技术文件使用。《广州地区建筑工程施工技术资料目录》对图纸会审会议纪要的编写格式如下：

设计图纸会审记录（一）

GD2201004

工程名称		建设单位	
施工单位		监理单位	
设计单位		勘察单位	
建筑面积		工程造价	万元
结构类型、层数	m²	会审地点	
承包范围		会审时间	
图纸编号			
参加会审	单位名称	参加人姓名（签名）	

【实训小结】

图纸会审是指工程各参建单位（建设单位、监理单位、施工单位）在收到设计院施工图设计文件后，对图纸进行全面细致的熟悉，审查出施工图中存在的问题及不合理情况并提交设计院进行处理的一项重要活动。通过图纸会审，各参建单位特别是施工单位可以熟悉设计图纸、领会设计意图、掌握工程特点及难点，找出需要解决的技术难题并拟订解决方案，从而将因设计缺陷而存在的问题消灭在施工之前。

本训练主要让学生掌握：图纸会审工作的一般组织程序、对熟悉图纸的基本要求、自审图纸阶段的组织工作、图纸会审阶段、编写图纸会审会议纪要等主要工作过程，并力求通过真实的图纸会审程序模拟，让学生掌握这一环节。

1.2 编制施工准备工作计划与开工报告

【实训目标】

1. 能力目标

能编制施工准备工作计划，填写开工报审表和开工报告。

2. 知识目标

（1）编制施工准备工作计划；

（2）填写开工报审表；

（3）填写开工报告。

【实训成果】

某工程的施工准备工作计划和开工报告

1. 编制施工准备工作计划

施工准备工作涉及的范围广、内容多，应视该工程本身及其具备的条件不同而不同，一般可归纳为六个方面：原始资料的收集、施工技术资料的准备、施工现场的准备、生产资料的准备、施工现场人员的准备、冬雨季施工的准备。

为了落实各项施工准备工作，做到有步骤、有安排、有组织全面搞好施工准备，必须根据各项施工准备的内容、时间和人员，编制施工准备工作计划。

施工准备工作计划是施工组织设计的重要组成部分，应根据施工方案、施工进度计划、资源需要量等进行编制。除了上述表格和形象计划外，还可采用网络计划（后续实训内容）进行编制，以明确各项准备工作之间的关系并找出关键工作，并可以在网络计划上进行施工准备期的调整。

2. 准备开工（填写开工报审表）

施工准备工作计划编制完成后，应进行落实和检查到位情况。因此，开工前应建立严格的施工准备工作责任制和施工准备工作检查制度，不断协调和调整施工准备工作计划，把开工前的准备工作落到实处。工程开工还应具备相关的开工条件和遵循工程基本建设程序。

（1）开工条件。

国家计委关于基本建设大中型项目开工条件的规定如下：

①项目法人已经成立。项目组织管理机构和规章制度健全，项目经理和管理机构成员已经

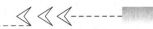

到位；项目经理经过培训，具备承担项目施工工作的资质条件。

施工准备工作计划表

序号	施工准备工作	简要内容	要求	负责单位	负责人	配合单位	起止时间		备注
							月 日	月 日	

②项目初步设计及总概算已经批复。若项目总概算批复时间至项目申请开工时间在两年以上（含两年），或自批复至开工时间，动态因素变化大，总投资超出原批概算 10% 的，须重新核定项目总概算。

③项目资本金和其他建设资金已经落实，资金来源符合国家有关规定，承诺手续完备，并经审计部门认可。

④项目施工组织设计大纲已经编制完成。

⑤项目主体工程（或控制性工程）的施工单位已经通过招标确定，施工承包合同已经签订。

⑥项目法人与项目设计单位已签订设计图纸交付协议。项目主体工程（或控制性工程）的施工图纸至少可以满足连续三个月施工的需要。

⑦项目施工监理单位已经通过招标选定。

⑧项目征地、拆迁的施工场地"七通一平"（即供电、供水、道路、通信、燃气、排水、排污和场地平整）工作已经完成，有关外部配套生产条件已签订协议。项目主体工程（或控制性工程）施工准备工作已经做好，具备连续施工的条件。

⑨项目建设需要的主要设备和材料已经订货，项目所需建筑材料已落实来源和运输条件，并已备好连续施工三个月的材料用量。需要进行招标采购的设备、材料，其招标组织机构已落实，采购计划与工程进度相衔接。

国务院各主管部门负责对本行业中央项目开工条件进行检查，各省（自治区、直辖市）计划部门负责对本地区地方项目开工条件进行检查。凡上报国家计委申请开工的项目，必须附有国务院有关部门或地方计划部门的开工条件检查意见。国家计委对按本规定申请开工的项目进行核查，其中大中型项目批准开工前，国家计委派人去现场检查落实开工条件。凡未达到开工条件的，不予批准。

小型项目的开工条件，各地区、各部门可参照本规定制定具体管理办法。

（2）工程项目开工条件的一般规定。

依据《建设工程监理规范》（GBT 50319—2013），工程项目开工前，施工准备工作具备了以下条件时，施工单位应向监理单位报送工程开工报审表及开工报告、证明文件等，由总监理工程师签发，并报建设单位。

①施工许可证已获政府主管部门批准；

②征地拆迁工作能满足工程进度的需要；

③施工组织设计已获总监理工程师批准；

④施工单位现场管理人员已到位，机具、施工人员已进场，主要工程材料已落实；

⑤进场道路以及水、电、通风等已满足开工的要求。

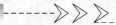

项目2 建筑工程流水施工实训

【实训目标】

1. 能力目标

（1）根据施工图纸和施工现场实际条件，能正确划分施工过程，计算流水施工各项参数，能独立组织流水施工。

（2）根据选定的流水施工方式，能独立绘制单位工程横道图施工进度计划。

2. 知识目标

（1）了解建筑工程的三种施工组织方式；

（2）掌握流水施工的概念、特点以及流水施工基本参数及其计算方法；

（3）掌握流水施工的组织方法。

【实训成果】

编制某住宅楼主体工程的流水施工组织设计及绘制横道图进度计划

2.1 流水施工

流水施工是指所有的施工过程按一定的时间间隔依次投入施工，各个施工过程陆续开工，陆续竣工，使同一施工过程的施工班组保持连续、均衡，不同施工过程尽可能平行搭接施工的组织方式。

1. 组织施工的方式

（1）依次施工。

依次施工是各施工段或各施工过程依次开工、依次完成的一种施工组织方式，即按次序一段段地或一个个施工过程进行施工。

（2）平行施工。

平行施工是全部工程任务的各施工段同时开工、同时完成的一种施工组织方式。

（3）流水施工。

流水施工是将拟建工程从施工工艺的角度分解成若干个施工过程，并按施工过程成立相应的施工班组，同时将拟建工程从平面或空间角度划分成若干个施工段，让各专业施工班组按照工艺的顺序排列起来，依次在各个施工段上完成各自的施工过程。就像流水从一个施工段转移到另一个施工段，连续、均衡地施工。

2. 组织流水施工的条件

（1）划分施工过程。

划分施工过程就是把拟建工程的整个建造过程分解为若干施工过程。划分施工过程的目的，是对施工对象的建造过程进行分解，以便于逐一实现局部对象的施工，从而使施工对象整体得

以实现。也只有这种合理的解剖，才能组织专业化施工和有效协作。

（2）划分施工段。

根据组织流水施工的需要，将拟建工程尽可能地划分为劳动量大致相等的若干个施工段（区），也可称为流水段。

建筑工程组织流水施工的关键是将建筑单件产品变成多件产品，以便成批生产。建筑产品体形庞大，通过划分施工段（区）就可将单件产品变成"批量"的多件产品，从而形成流水作业的前提。没有"批量"就不可能也就没有必要组织任何流水作业。每一个段（区），就是一个假定"产品"。

（3）每个施工过程组织独立的施工队（组）。

在一个流水分部中，对每个施工过程尽可能组织独立的施工班组，其形式可以是专业班组，也可以是混合班组，这样可使每个施工班组按施工顺序，依次地、连续地、均衡地从一个施工段转移到另一个施工段进行相同的操作。

（4）主要施工过程必须连续、均衡地施工。

主要施工过程是指工作量较大、作业时间较长的施工过程。对于主要施工过程，必须连续、均衡地的施工；对其他次要施工过程，可考虑与相邻的施工过程合并。如不能合并，为缩短工期，可安排间断施工（此时可以采用流水施工与搭接施工相结合的方式）。

（5）不同的施工过程尽可能组织平行搭接施工。

不同施工过程之间的关系，关键是工作时间上有搭接和工作空间上有搭接。在有工作面的条件下，除必要的技术和组织间歇时间外，应尽可能组织平行搭接施工。

2.2　流水施工参数

1. 工艺参数

（1）施工过程数。

施工过程数是指一组流水的施工过程个数，以符号 n 表示。施工进度计划的作用不同，施工过程数目也不同；施工方案不同，施工过程数目也不同；劳动量大小不同，施工过程数目也不同。

（2）流水强度。

流水强度是每一个施工过程在单位时间内所完成的工程量。

2. 空间参数

（1）工作面。

工作面是表明施工对象上可能安置多少工人操作或布置施工机械场所的大小。

（2）施工段。

施工段是组织流水施工时，将施工对象在平面上划分为若干个劳动量大致相等的施工区段，它的数目以 m 表示。

3. 时间参数

（1）流水节拍。

流水节拍指一个施工过程在一个施工段上的作业时间，用符号 t_i 表示。

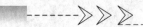

（2）流水步距。

流水步距是两个相邻的施工过程先后进入同一施工段开始施工的时间间隔，用符号 $K_{i,i+1}$ 表示（i 表示前一个施工过程，$i+1$ 表示后一个施工过程）。在施工段不变的情况下，流水步距越大，工期越长；流水步距越小，则工期越短。

（3）平行搭接时间。

在组织流水施工时，有时为了缩短工期，在工作面允许的条件下，如果前一个专业工作队完成部分施工任务后，能够为后一个专业工作队提供工作面，使后者提前进入前一个施工段，两者在同一个施工段上平行搭接施工，这个搭接的时间称为平行搭接时间，通常以 $C_{i,i+1}$ 表示。

（4）技术与组织间歇时间。

技术与组织间歇时间是指在组织流水施工中，由于施工过程之间的工艺或组织上的需要，必须要留的时间间隔，用符号 t_i 表示。它包括技术间歇时间和组织间歇时间。

① 技术间歇时间是指在同一施工段的相邻两个施工过程之间必须留有的工艺技术间隔时间。如混凝土浇筑施工完成后，后续施工过程不能立即投入作业，必须有足够的时间间歇。

② 组织间歇时间是指由于施工组织上的需要，同一段相邻两个施工过程在规定流水步距之外所增加的必要的时间间隔。如标高抄平、弹线、基坑验槽、浇筑混凝土前检查预埋件等。

（5）工期。

2.3 流水施工的基本组织形式

1. 流水施工的分级

根据组织流水施工的工程对象的范围大小，流水施工分为：

（1）细部流水施工。

细部流水施工指一个专业班组使用同一个生产工具依次连续不断地在各施工段中完成同一施工过程的工作。

（2）分部工程流水施工。

分部工程流水施工指为完成分部工程而组建起来的全部细部流水施工的总和，即若干个专业班组依次连续不断地在各施工段上重复完成各自的工作，随着前一个专业班组完成前一个施工过程之后，接着后一个专业班组来完成下一个施工过程，依此类推，直至所有专业班组都经过各施工段，完成分部工程为止。

（3）单位工程流水施工。

单位工程流水施工指为完成单位工程组织起来的全部专业流水施工的总和，即所有专业班组依次在一个施工对象的各施工段中连续施工，直至完成单位工程为止。

（4）建筑群流水施工。

建筑群流水施工指为完成工业或民用建筑群而组织起来的全部单位工程流水施工的总和。

2. 流水施工的基本组织方式

（1）等节奏流水施工。

等节奏流水施工指同一施工过程在各施工段上的流水节拍固定的一种流水施工方式。

（2）异节奏流水施工。

异节奏流水施工指同一个施工过程在各施工段上的流水节拍彼此相等，不同施工过程在同

一施工段上的流水节拍彼此不等而互为倍数的流水施工方式，也称为成倍节拍专业流水。其主要包括以下两种：

①等步距异节拍流水施工；

②异步距异节拍流水施工。

（3）无节奏流水施工的组织。

无节奏流水施工的组织指同一施工过程在各施工段上的流水节拍不完全相等的一种流水施工方式。

【实训案例解析】

【案例 2.1】某分部工程划分为挖土（A）、垫层（B）、基础（C）、回填土（D）四个施工过程，每个施工过程分三个施工段，各施工过程的流水节拍均为 $4d$，试组织等节奏流水施工。

解：

（1）确定流水步距。由等节奏流水的特征可知：

$$K = t = 4 \text{ 天}$$

（2）计算工期：

$$T = (m+n-1) \times t = (4+3-1) \times 4 = 24 \text{（天）}$$

（3）用横道图绘制流水进度计划，如表 2-1 所示。

表 2-1　某分部工程无间歇全等节拍流水施工进度计划

施工过程	施工进度/天																							
	1	2	3	4	5	6	7	8	9	10	11	12	13	14	15	16	17	18	19	20	21	22	23	24
A		①				②				③														
B		K_{AB}				①				②				③										
C						K_{BC}				①				②				③						
D										K_{CD}				①				②				③		
工期计算	$\Sigma K_{i,i+1} = (n-1)K$												$T_n = mt_D = mK$											
	$T = \Sigma K_{i,i+1} + T_n = (m+n-1)K$																							

【案例 2.2】某工程划分为 A、B、C、D 四个施工过程，分三个施工段组织施工，各施工过程的流水节拍分别为 $t_A=3$ 天，$t_B=4$ 天，$t_C=5$ 天，$t_D=3$ 天；施工过程 B 施工完成后有 2 天的技术间歇时间，施工过程 D 与 C 搭接 1 天。试求各施工过程之间的流水步距及该工程的工期，并绘制流水施工进度表。

解：（1）确定流水步距。

根据上述条件及相关公式，各流水步距计算如下：

因为 $t_A < t_B$，所以 $K_{A.B} = t_A = 3$（天）

因为 $t_B < t_C$，所以 $K_{B.C} = t_B = 4$（天）

因为 $t_C > t_D$，所以 $K_{C.D} = mt_D - (m-1)t_C = 3 \times 5 - (3-1) \times 3 = 9$（天）

（2）流水工期：

$T = (m+n-1) \times t = (4+3-1) \times 4 = 24$（天）

（3）绘制施工进度计划表，如表 2-2 所示。

表 2-2　某工程异步距异节拍流水施工进度计划

施工过程	施工进度/天																									
	1	2	3	4	5	6	7	8	9	10	11	12	13	14	15	16	17	18	19	20	21	22	23	24	25	26
A		①			②			③																		
B		K_{AB}			①				②					③												
C					K_{BC}			Z_{BC}				①						②				③				
D								$K_{CD}-C_{CD}$											①			②			③	

工期计算：

$\Sigma K_{i,\,i+1}+\Sigma Z_{i,\,i+1}-\Sigma C_{i,\,i+1}$ ｜ $T_n=mt_n$

$T=\Sigma K_{i,\,i+1}+\Sigma Z_{i,\,i+1}-\Sigma C_{i,\,i+1}+T_n$

【案例 2.3】某工程有 A、B、C、D、E 五个施工过程，平面上划分成四个施工段，每个施工过程在各个施工段上的流水节拍如表 2-3 所示。规定 B 完成后有 2 天的技术间歇时间，D 完成后有 1 天的组织间歇时间，A 与 B 之间有 1 天的平行搭接时间，试编制流水施工方案。

表 2-3

施工过程	施工段			
A	3	5	7	11
B	1	3	5	3
C	2	1	3	5
D	4	2	3	3
E	3	4	2	1

解：根据题设条件可知该工程只能组织无节奏流水施工。

（1）求流水节拍的累加数列。

施工过程	累加数列结果			
A	3	5	7	11
B	1	4	9	12
C	2	3	6	11
D	4	6	9	12
E	3	7	9	10

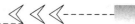

（2）确定流水步距。

① 求施工过程 A 与 B 的流水节拍 $K_{A,B}$。

A		3	5	7	11	
B	—		1	4	9	12
相减结果		3	4	3	2	−12
	（舍弃负数）取最大值得流水步距 $K_{A,B}=4$					

② 求施工过程 B 与 C 的流水节拍 $K_{B,C}$。

B		1	4	9	12	
C	—		2	3	6	11
相减结果		1	2	3	6	−11
	（舍弃负数）取最大值得流水步距 $K_{B,C}=6$					

③ 求施工过程 C 与 D 的流水节拍 $K_{C,D}$。

C		2	3	6	11	
D	—		4	6	9	12
相减结果		2	−1	0	2	−12
	（舍弃负数）取最大值得流水步距 $K_{C,D}=2$					

④ 求施工过程 D 与 E 的流水节拍 $K_{D,E}$。

D		4	6	9	12	
E	—		3	7	9	10
相减结果		4	3	2	3	−10
	（舍弃负数）取最大值得流水步距 $K_{D,E}=4$					

（3）确定流水工期：

$$T = \sum K_{i,i+1} + \sum t_n + Z_{i,i+1} - \sum C_{i,i+1} = （4+6+2+4）+（3+4+2+1）+2+1-1=28（天）$$

（4）绘制流水施工进度表，如表 2-4 表示。

表 2-4

施工过程	施工进度/天																											
	1	2	3	4	5	6	7	8	9	10	11	12	13	14	15	16	17	18	19	20	21	22	23	24	25	26	27	28
A		①		②			③		④																			
B	K_{AB}−C_{AB}			①		②				③				④														
C				K_{BC}						Z_{BC}		①		②		③				④								
D												K_{CD}		①			②			③				④				
E															K_{DE}			Z_{DE}	①			②			③		④	
工期计算	$\Sigma K_{i,\,i+1}+\Sigma Z_{i,\,i+1}-\Sigma C_{i,\,i+1}$																		T_n									
	$T=\Sigma K_{i,\,i+1}+\Sigma Z_{i,\,i+1}-\Sigma C_{i,\,i+1}+T_n$																											

项目 3　网络计划技术实训

3.1　双代号网络图的绘制

【实训目标】

1. 能力目标

根据施工图纸和各个工作间的逻辑关系，能够正确绘制网络图。

2. 知识目标

（1）掌握双代号网络图的基本组成要素；

（2）掌握双代号网络图基本要素的表达方法；

（3）掌握双代号网络计划的绘制原则和方法。

【实训成果】

某住宅楼工程标准层主体结构的施工网络计划

3.1.1　网络图基本识图知识回顾

1. 工　作

（1）工作的表示方法。

一个工作用一条箭线和两个节点表示，如图 3-1 所示。

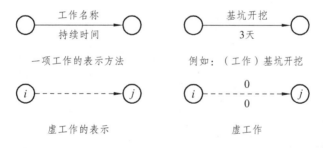

图 3-1　双代号网络图工作的表示方法图例

（2）工作之间的关系。

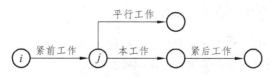

图 3-2　双代号网络图中工作间的三种关系

2. 箭　线

（1）内向箭线对节点，凡是箭头指向节点的箭线都叫内向箭线。如图 3-3 中，③节点的内向箭线是②→③和①→③。

（2）外向箭线对节点，凡是箭头指出去的箭线都叫外向箭线。如图 3-3 中，③节点的外向箭线是③→④和③→⑤。

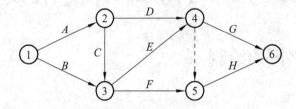

图 3-3　双代号网络图内、外向箭线识别图

3. 节　点

（1）开始节点。

在一个网络图中，只有外向箭线的节点是开始节点，如图 3-3 中的①节点。

（2）结束节点。

在一个网络图中，只有内向箭线的节点是结束节点，如图 3-3 中的⑥节点。

（3）中间节点。

在一个网络图中，既有内向箭线又有外向箭线的节点是中间节点，如图 3-3 中的②、③、④、⑤节点。

4. 路　线

从开始节点到结束节点（沿箭流方向）的通路叫一条线路，如图 3-3 中的①→③→④→⑤→⑥。

3.1.2　双代号网络图的模型

（1）依次开始。

（2）同时开始。

（3）同时结束。

（4）约束关系。

① 全约束；

② 半约束；

③ 三分之一约束。

（5）两个工作同时开始且同时结束。

3.1.3　画双代号网络计划图的基本规则

（1）一个网络计划图中只允许有一个开始节点和一个结束节点。

（2）一个网络计划图中不允许单代号、双代号混用。

（3）节点大小要适中，编号应由小到大，不重号、不漏编，但可以跳跃。

（4）一对节点之间只能有一条箭线，如图 3-4 是错误的；一对节点之间不能出现无箭头杆，如图 3-5 是错误的。

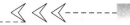

（5）网络计划图中不允许有循环线路，如图 3-6 是错误的。

（6）网络计划图中不允许有相同编号的节点或相同代码的工作。

（7）网络计划图的布局应合理，要尽量避免箭线的交叉，如图 3-7（a）应调整为图 3-7（b）；当箭线的交叉不可避免时，可采用"暗桥"或"断线"方法来处理，如图 3-8（a）、图 3-8（b）所示。

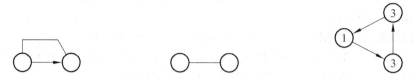

图 3-4　共用两条箭线（错误）　　　图 3-5　出现无箭杆（错误）　　　图 3-6　出现循环线路（错误）

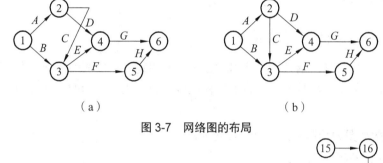

（a）　　　　　　　　　　　　　　（b）

图 3-7　网络图的布局

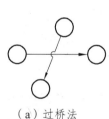  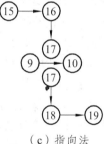

（a）过桥法　　　　　　　（b）断线法　　　　　　　（c）指向法

图 3-8　交叉箭线的处理方法

（8）绘图口诀。

① 为方便记忆，将以上 1—7 条绘制规则编成口诀如下：

一杆二圈向前进，起始终接逻辑清；

平行工作加虚杆，消灭同号无节枝；

交叉过点搭桥梁，不准闭合多绕圈；

同名同号不许有，初起终结均归一。

② 解释：

一杆二圈向前进：一个箭杆、两个圆圈代表一项工作，绘制时应由左向右往前画。

起始终接逻辑清：前后工作的连接要符合工艺逻辑关系和组织逻辑关系并应符合绘图规则。不能把两项没有直接关系的工作连接起来。

平行工序加虚杆：两个工作同时开始或同时结束时，应如图 3-8 加虚工作。

消灭同号无节枝：两个工作共一个圈号可以，但不能使终点都共号；另外，严禁在箭线上引入或引出箭线，图 3-9 即为错误，正确表示应如图 3-10 所示。

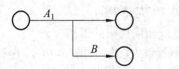

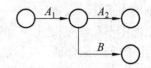

图 3-9 错误表示　　　　　　　　　　　图 3-10 正确表示

交叉过点搭桥梁：当一个工作需要通过另一工作或节点时，不能直接穿堂而过，应"搭桥"绕道而过，如图 3-8 所示。

不准闭合多绕圈：网络图中，不允许有循环回路，如图 3-6 所示。

同名同号不许有：双代号网络图中，一项工作只有唯一的一条箭线和相应的一对节点编号，因此网络图编号时，不允许有同名同号，否则就会造成混乱不清。

初起终结均归一：一个网络图上，只能有一个起点节点和一个终点节点，而不能有两个以上的起点节点和终点节点。

3.1.4　双代号网络计划图的绘制

双代号网络图的正确绘制是网络计划方法应用的关键。正确的网络计划图应包括：正确表达各种逻辑关系，且工作项目齐全，施工过程数目得当；遵守绘图的基本规则；选择适当的绘图排列方法。

1. 双代号网络图的绘制方法（节点位置号法）

（1）绘制双代号网络图的步骤。

绘制网络图可按如下步骤进行：

第一步：一般情况下，先给出紧前工作。故第一步应根据已知的紧前工作确定出紧后工作。

第二步：确定出各个工作的开始节点的位置号和完成节点的位置号。

第三步：根据节点位置号和逻辑关系绘出初始网络图。

第四步：检查逻辑关系有无错误，如与已知条件不符，则可加竖向虚工作或横向虚工作进行改正。改正后的网络图中的各个节点的位置号不一定与初始网络图中的节点位置号相同。

（2）节点位置号的确定方法。

为使所绘制的网络图中不出现逆向箭线和竖向实箭线，宜在绘制之前，先确定出各个节点的位置号，再按节点位置号绘制网络图。

节点位置号的确定如下：

① 无紧前工作的开始节点的位置号为零。

② 有紧前工作的开始节点的位置号等于其紧前工作的开始节点的位置号最大值加 1。

③ 有紧后工作的完成节点的位置号等于其紧后工作的开始节点的位置号的最小值。

④ 无紧后工作的完成节点的位置号等于有紧后工作的工作的完成节点的位置号的最大值加 1。

2. 双代号网络图的绘制方法（逻辑草稿法）

（1）已知紧前工作，用矩阵法确定紧后工作。

（2）双代号网络图的绘图方法。

3. 绘制网络图应注意的问题

（1）层次分明，重点突出。

绘制网络计划图时，首先遵循网络图的绘制规则画出一张符合工艺和组织逻辑关系的网络

计划草图，然后检查、整理出一幅条理清楚、层次分明、重点突出的网络计划图。

（2）构图形式要简捷、易懂。

绘制网络计划图时，通常的箭线应以水平线为主，竖线、折线、斜线为辅，应尽量避免用曲线。

（3）正确应用虚箭线。

绘制网络图时，正确应用虚箭线可以使网络计划中的逻辑关系更加明确、清楚，它起到"断"和"连"的作用。

3.2 双代号网络图时间参数的计算

【实训目标】

1. 能力目标

能计算网络计划的各项参数，确定关键工作和关键线路。

2. 知识目标

（1）掌握双代号网络图时间参数的计算方法；

（2）掌握双代号网络图中关键线路的判定方法。

【实训成果】

确定某住宅楼主体结构工程施工工期，计算网络图各时间参数和确定关键线路

3.2.1 时间参数的分类

时间参数可分为节点时间参数、工作时间参数和线路时间参数等。

3.2.2 时间参数的计算

网络计划时间参数的计算，主要采用图上计算法，它包括节点计算法和工作计算法。

（1）节点法计算时间参数。

（2）工作法计算时间参数。

（3）时差的计算。

3.2.3 关键线路的确定

（1）在网络图中线路时间最长的线路就是关键线路。

（2）关键线路的判定方法。

①线路长度比较法。

②总时差判定法。

③线路长度分段比较法（俗称"破圈法"）

a. 线路长度比较法。

b. 总时差判定法。

c. 线路长度分段比较法（俗称"破圈法"）。

d. 利用关键节点判断。

e. 用节点标号法计算工期并确定关键线路。

3.3 双代号时标网络图的绘制

【实训目标】

1. 能力目标

（1）根据相关工程资料，能够绘制双代号网络时标网络图；

（2）根据双代号时标网络图，能判读时间参数和确定关键线路。

2. 知识目标

（1）掌握双代号时标网络计划的一般规定；

（2）掌握双代号时标网络计划的绘制方法；

（3）掌握双代号时标网络计划时间参数的判读以及确定关键路线。

3.3.1 双代号时标网络计划的绘制方法

（1）间接绘制法。

（2）直接绘制法。

3.3.2 关键线路和时间参数的确定

（1）关键线路的确定。

（2）工期的确定。

（3）时间参数的判读。

【案例 3.1】

【背景】

某工程项目总承包单位上报了如下施工进度计划网络图（时间单位：月），并经总监理工程师和业主审批通过。施工过程中发生了如下事件：

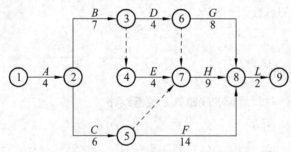

事件一：施工单位施工至 D 工作时，由于业主在细部设计上提出了新的要求，设计单位重新进行了设计，造成 D 工作施工时间延长了 2 个月，施工单位人工费、机械费损失 2 万元，施工单位提出了工期、费用索赔要求。

事件二：施工单位施工在 H 工作时，由于业主自行采购的工艺设备提前到场，业主要求提前工期，施工单位增加了劳动力及材料，将 H 工作施工时间缩减至 7 个月，施工单位提出了措施费 2 万元的索赔要求。

【问题】

1. 指出原施工进度计划网络图关键线路。并写出总工期。

2. 事件一中，施工单位的索赔是否合理。并分别说明理由。

3. 事件二中，施工单位的索赔是否合理。并说明理由。

4. 指出调整后关键线路。列式计算工作 C、工作 E 的总时差、自由时差。并写出实际工期。

5. 绘制调整后的施工进度横道图。

分析：

1. 关键线路：

$A—B—D—H—L$；$A—B—E—H—L$；$A—C—F—L$

总工期：$T = 26$ 个月

2. 工期索赔合理，费用索赔合理。

理由：业主责任，D 工作在关键线路上，影响了总工期。

3. 合理。理由：业主原因。

4.（1）关键线路：$A—B—D—G—L$

（2）计算各工作的 ES、EF：

$ES_A = 0$，$EF_A = 4$；$ES_B = 4$，$EF_B = 11$；$ES_C = 4$，$EF_C = 10$；$ES_D = 11$，$EF_D = 17$；

$ES_E = 11$，$EF_E = 15$；$ES_F = 10$，$EF_F = 24$；$ES_G = 17$，$EF_G = 25$；$ES_H = 17$，$EF_H = 24$

（3）计算各工作的 LS、LF：

$LF_H = 25$，$LS_H = 18$；$LF_G = 25$，$LS_G = 17$；$LF_F = 25$，$LS_F = 11$；$LF_E = 18$，$LS_E = 14$；

$LF_D = 17$，$LS_D = 11$；$LF_C = 11$，$LS_C = 5$；$LF_B = 11$，$LS_B = 4$；$LF_A = 4$，$LS_A = 0$

（4）C 工作总时差 $= LS_C - ES_C = 5-4 = 1$（月）

C 工作自由时差 $= \min(ES_F, ES_H) - EF_C = 11-10 = 1$（月）

（5）E 工作总时差 $= LS_E - ES_E = 14-11 = 3$（月）

E 工作自由时差 $= ES_H - EF_E = 17-15 = 2$（月）

（6）总工期为 27 个月。

5.

序号	施工过程	施工进度/月																										
		1	2	3	4	5	6	7	8	9	10	11	12	13	14	15	16	17	18	19	20	21	22	23	24	25	26	27
1	A																											
2	B																											
3	C																											
4	D																											
5	E																											
6	F																											
7	G																											
8	H																											
9	L																											

【案例 3.2】

【背景】

某工程项目总承包单位中标某沿海城市高层写字楼工程，该公司进场后，给整个工程各工序进行划分，并明确了各工序之间的逻辑关系，如下表所示。

工作	紧前工作	紧后工作	持续时间/月
A	—	C、E	3
B	—	C	4
C	A	D	3
D	C	K	3
E	A	F、H	3
F	E	J、K、M	4
G	B	H	3
H	G、E	I	2
I	H	M	4
J	F	L	5
K	D、F	L	6
L	K、I	—	4
M	F、I	—	6

在工程施工过程中发生了以下事件：

事件一：施工单位施工至 E 工作时，该沿海城市遭受海啸袭击，使该工作持续时间延长了 2 个月。施工单位人工费、机械费、临时建筑损失 18 万元；建筑物受到海水侵蚀，清理、返工费用 25 万元。施工单位提出了工期 2 个月、费用 43 万元的索赔要求。

事件二：施工单位施工至 I 工作时，由于业主指定材料出现质量问题，造成施工单位人工费、机械费损失 5 万元，同时造成持续时间延长 2 个月。施工单位提出了工期、费用索赔要求。

【问题】（1）根据表中内容绘制该工程的施工进度计划网络图，并写出关键线路及总工期。

（2）事件一中，施工单位的索赔是否成立。并分别说明理由。

（3）事件二中，施工单位的索赔是否成立。并分别说明理由。

（4）写出该工程实际关键线路及总工期。

分析：

1. 施工进度计划网络图：

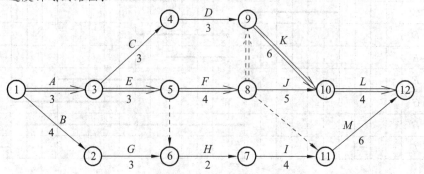

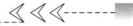

关键线路：$A—E—F—K—L$ 或 1—3—5—8—9—10—12

总工期为 20 个月。

2. 工期索赔：成立。

费用索赔：施工单位人工费、机械费、临时建筑损失 18 万元索赔不成立。

　　　　　建筑物受到海水侵蚀，清理、返工费用 25 万元索赔成立。

理由：工期：不可抗力，工期可以索赔。

　　　费用：施工单位人工费、机械费、临时建筑损失 18 万元索赔，

　　　　　　不可抗力，费用自行承担，施工单位自行承担。

　　　　　建筑物受到海水侵蚀，清理、返工费用 25 万元索赔，

　　　　　　不可抗力，业主承担。

3. 工期索赔不成立；费用索赔不成立。

理由：业主指定材料质量控制由施工总承包单位责任。

4. 施工进度计划网络图如下：

关键线路：$A—E—F—K—L$（或 1—3—5—8—9—10—12）；

$A—E—H—I—M$（或 1—3—5—6—7—11—12）；

$B—G—H—I—M$（或 1—2—6—7—11—12）。

总工期为 21 个月。

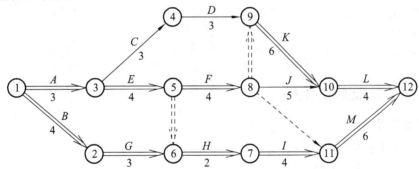

项目4 施工方案的选择

4.1 基础工程施工方案

【实训目标】

1. 能力目标

根据施工图纸，能独立完成基础工程施工方案的编制。

2. 知识目标

掌握基础工程的相关知识（含浅基础和桩基础）。

4.1.1 施工顺序的确定

基础工程施工是指室内地坪（±0.000）以下所有工程的施工。基础的类型有很多，基础的类型不同，施工顺序也不一样。

（1）砖基础；

（2）混凝土基础；

（3）桩基础。

4.1.2 施工方法及施工机械

1. 土石方工程

（1）确定土石方的开挖方法；

（2）土方施工机械的选择；

（3）确定土壁放坡开挖的边坡坡度或土壁支护方案；

（4）地下水、地表水的处理方法及有关配套设备；

（5）确定回填压实的方法；

（6）确定土石方平衡调配的方案。

2. 基础工程

（1）砖基础；

（2）混凝土基础。

3. 桩基础

（1）预制桩的施工；

（2）灌注桩的施工。

4.1.3 流水施工组织

（1）基础工程流水施工组织的步骤；

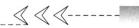

（2）砖基础的流水施工组织；

（3）钢筋混凝土基础的流水施工组织。

4.2　主体工程施工方案

【实训目标】

1. 能力目标

根据施工图纸，能够独立完成主体工程施工方案的编制。

2. 知识目标

掌握主体工程的相关知识（含砌筑工程、钢筋混凝土工程、结构安装工程等）并融会贯通。

4.2.1　施工顺序的确定

（1）砖混结构；

（2）多层钢筋混凝土框架结构；

（3）剪力墙结构；

（4）装配式工业厂房；

（5）装配式大板结构。

4.2.2　施工方法及施工机械

（1）测量控制工程；

（2）脚手架工程；

（3）垂直运输机械的选择；

（4）砌筑工程；

（5）钢筋混凝土工程；

（6）结构安装工程；

（7）围护工程。

4.2.3　流水施工组织

（1）主体工程流水施工组织的步骤；

（2）砖混结构的流水施工组织；

（3）框架结构主体工程的流水施工组织。

4.3　屋面防水工程施工方案

【实训目标】

1. 能力目标

根据施工图纸，能独立完成屋面防水工程施工方案的编制。

2. 知识目标

掌握屋面防水工程的相关知识并融会贯通。

4.3.1 施工顺序的确定

（1）柔性防水屋面的施工顺序；

（2）刚性防水屋面的施工顺序。

4.3.2 施工方法及施工机械

（1）卷材防水屋面的施工方法；

（2）细石混凝土刚性防水屋面的施工方法。

4.3.3 流水施工组织

（1）屋面防水工程流水施工组织的步骤；

（2）防水屋面的施工组织。

4.4 装饰工程施工方案

【实训目标】

1. 能力目标

根据施工图纸，能独立完成装饰工程施工方案的编制。

2. 知识目标

掌握装饰工程的相关知识并融会贯通。

4.4.1 施工顺序的确定

（1）室内装饰与室外装饰的施工顺序；

（2）室内装饰的施工顺序和施工流向；

（3）室外装饰的施工顺序和施工流向。

4.4.2 施工方法及施工机械

（1）室外装饰施工方法和施工机具；

（2）室内装饰施工方法和施工机具。

4.4.3 流水施工组织

略。

项目 5 单位工程施工进度计划的编制

5.1 工程施工定额及其应用

【实训目标】

1. 能力目标

（1）能灵活运用施工定额结合工程实际计算平均综合定额；

（2）能针对工程实际情况，合理选用施工定额。

2. 知识目标

（1）掌握施工定额的基本概念、编制原理、内容；

（2）掌握综合时间定额或综合产量定额的确定方法。

5.1.1 工程施工定额的基本概念

施工定额，是施工企业（建筑安装企业）为组织生产和加强管理在企业内部使用的一种定额，属于企业生产定额的性质。它是建筑安装工人在合理的劳动组织或工人小组和正常施工的条件下，为完成单位合格产品，所需劳动、机械、材料消耗的数量标准。它由劳动定额、机械定额和材料定额三个相对独立的部分组成。施工定额是施工企业内部经济核算的依据，也是编制预算定额的基础。

5.1.2 施工定额编制的原则

（1）平均先进原则。

在正常的施工条件下，大多数生产者经过努力能够达到和超过平均水平。企业施工定额的编制应能够反映比较成熟的先进技术和先进经验，有利于降低工料消耗，提高企业管理水平，达到鼓励先进、勉励中间、鞭策落后的水平。

（2）简明适用性原则。

企业施工定额设置应简单明了，便于查阅，计算要满足劳动组织分工、经济责任与核算个人生产成本的劳动报酬的需要。同时，企业自行设定的定额标准也要符合《建设工程工程量清单计价规范》（GB 50500—2013）"四个统一"的要求，定额项目的设置要尽量齐全完备，根据企业特点合理划分定额步距，常用的对工料消耗影响大的定额项目步距可小一些，反之步距可大一些，这样有利于企业报价和进行成本分析。

（3）以专家为主编制定额的原则。

企业施工定额的编制要求有一支经验丰富，技术与管理知识全面，有一定政策水平的专家队伍，可以保证编制施工定额的延续性、专业性和实践性。

（4）坚持实事求是，动态管理的原则。

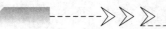

企业施工定额应本着实事求是的原则，结合企业经营管理的特点，确定工料机各项消耗的数量，对影响造价较大的主要常用项目，要多考虑施工组织设计、先进的工艺，从而使定额在运用上更贴近实际，技术上更先进，经济上更合理，使工程单价真实反映企业的个别成本。

此外，还应注意到市场行情瞬息万变，企业的管理水平和技术水平也在不断地更新，不同的工程，在不同的时段，都有不同的价格，因此企业施工定额的编制还要遵循便于动态管理的原则。

（5）企业施工定额的编制还要注意量价分离，独立自产，及时采用新技术、新结构、新材料、新工艺等原则。

5.1.3 施工定额的内容

施工定额指建筑安装企业在施工过程中确定的工程项目的劳动力、材料、施工机械等消耗的标准量。

施工定额包括劳动定额、材料消耗定额和机械台班使用定额三部分：

（1）劳动定额，即人工定额。指在先进合理的施工组织和技术措施的条件下，完成合格的单位建筑安装产品所需要消耗的人工数量。它通常以劳动时间（工日或工时）来表示。劳动定额是施工定额的主要内容，主要表示生产效率的高低，劳动力的合理运用，劳动力和产品的关系以及劳动力的配备情况。

（2）材料消耗定额。指在节约合理地使用材料的条件下，完成合格的单位建筑安装产品所必需消耗的材料数量。主要用于计算各种材料的用量，其计量单位为千克、米等。

（3）机械台班使用定额。分为机械时间定额和机械产量定额两种。在正确的施工组织与合理地使用机械设备的条件下，施工机械完成合格的单位产品所需的时间，为机械时间定额，其计量单位通常以台班或台时来表示。在单位时间内，施工机械完成合格的产品数量则称为机械产量定额。

在我国，施工定额的主要作用如下：

（1）据以进行工料分析，编制人工、材料、机械设备需要量计划；

（2）据以编制施工预算、施工组织设计和施工作业计划；

（3）加强施工管理，开展班组核算，签发施工任务和定额领料；

（4）据以实行按劳分配，计算劳动报酬。

施工定额要贯彻平均先进、简明适用的原则，使其在建筑业中既有一定的先进性，又有广泛的适应性。

5.2 分部工程施工进度计划的编制

【实训目标】

1. 能力目标

能编制基础工程、主体工程、屋面防水工程和装饰工程施工进度计划表。

2. 知识目标

掌握分部工程进度计划的编制内容和编制过程。

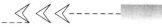

5.2.1 分部工程施工进度计划的编制程序

施工方案即以分部（分项）工程或专项工程为主要对象编制的施工技术与组织方案，用以具体指导其施工过程。施工方案在某些时候也被称为分部（分项）工程或专项工程施工组织设计，但考虑到通常情况下施工方案是施工组织设计的进一步细化，是施工组织设计的补充，施工组织设计的某些内容在施工方案中不需赘述，因而《建筑施工组织设计规范》（GB/ T 50502—2009）将其定义为施工方案。在该规范中规定施工方案的主要内容如下：

（1）工程概况；
（2）施工安排；
（3）施工进度计划；
（4）施工准备与资源配置计划；
（5）施工方法及工艺要求。

5.2.2 分部工程进度计划的编制

（1）划分施工过程；
（2）计算工程量；
（3）套用施工定额；
（4）确定劳动量和机械台班量；
（5）确定施工时间；
（6）编制施工进度计划。

5.3 单位工程施工进度计划的编制

【实训目标】

1. 能力目标

根据施工图纸，能够编制单位工程施工进度计划。

2. 知识目标

（1）掌握单位工程施工进度计划的编制步骤和编制方法；
（2）掌握单位工程进度计划的技术评价方法。

3. 编制步骤和方法

（1）单位工程施工进度计划的编制依据。

单位工程施工进度计划的编制依据包括：施工总进度计划，施工方案，施工预算，预算定额，施工定额，资源供应状况，领导对工期的要求（即工地进度），建设单位对工期的要求（合同要求）等。这些依据，有的是通过调查研究得到的。

（2）单位工程施工进度计划的编制程序。

收集编制依据→划分施工过程→计算工程量→套用计划定额→计算劳动量或机械台班需用量→确定施工过程的持续时间→绘制网络计划或流水施工横道图→工期符合要求→劳动力机械均衡否→材料超过供应限额→绘制正式进度计划。

（3）划分施工过程。

施工过程是进度计划的基本组成单元，其包含的内容多少，划分的粗细程度，应该根据计划的需要来确定。一般说来，单位工程施工进度计划的施工过程应明确到分项工程或更具体，以满足知道施工作业的要求。通常划分施工过程应按顺序列成表格，编排序号，以免插队施工遗漏或重复。凡是与工程对象现场施工直接有关的内容均应列入，辅助性内容和服务性内容则不必列入。划分施工过程应与施工方案保持一直。大型工程常编制控制性进度计划，其施工过程较粗，在这种情况下，还必须编制详细的实施性计划，不能以"控制"代替"实施"。

（4）计算工程质量和持续时间。

计算工程量应针对划分的每一个施工过程分段计算，可套用施工预算的工程量，也可以由编制者根据图纸并按施工方案安排自行计算，或根据施工预算加工整理。施工过程的持续时间最好是按正常情况确定，因为这时的费用一般是最低的。待编制出初始计划并经过计算再结合实际作必要的调整，这是避免因盲目抢攻而造成浪费的有效方法。按照实际施工条件来估算项目的持续时间是较为简单的方法。

（5）确定施工过程的施工顺序。

施工顺序是在施工方案中确定的施工流向和施工程序的基础上，按照所选施工方法和施工机械的要求确定的。有的施工组织设计放在施工方案中确定，有的施工组织设计在编制施工进度计划时确定。由于施工顺序是在施工进度计划中正式定案的，所以最好在施工进度计划编制时具体研究确定施工顺序。

确定施工顺序是为了按照施工的技术规律和合理的组织关系，解决各项目之间在时间上的先后顺序和搭接关系，以期做到保证工程质量，安全施工，充分利用空间，争取时间，实现合理安排工期的目的。安排施工顺序必须遵循工艺关系，优化组织关系。

项目 6 单位工程施工组织设计

6.1 单位工程施工组织设计的编制方法

【实训目标】

1. 能力目标

能编制单位工程施工组织设计。

2. 知识目标

掌握单位工程施工组织设计的编制程序、编制内容和编制方法。

6.1.1 编制依据的编写

（1）编写内容；

（2）编写方法及要求。

6.1.2 工程概况

6.1.3 施工部署的编写

（1）施工管理目标。

（2）施工部署原则。

① 确定施工程序；

② 确定施工起点流向；

③ 确定施工顺序；

④ 选择施工方法和施工机械。

（3）项目经理部组织机构。

① 建立项目组织机构；

② 确定组织机构形式；

③ 确定组织管理层次；

④ 制定岗位职责。

（4）施工任务划分。

① 各单位负责范围；

② 工程物资采购划分；

③ 总包单位与分包单位的关系。

（5）计算主要项目工程量。

（6）施工组织协调与配合。

① 编写内容；

② 协调方式。

6.1.4　施工进度计划的编写

（1）编制内容和要求；

（2）施工进度计划的编制形式；

（3）施工阶段目标控制计划。

6.1.5　施工准备与资源配置计划的编写

（1）编制内容；

（2）编写方法。

6.1.6　主要施工方法的编写

（1）编写内容；

（2）编写要求；

（3）分部（分项）工程或专项工程施工方法。

6.1.7　主要施工管理计划的编写

（1）编写的内容；

（2）编写方法；

（3）进度管理计划；

（4）质量管理计划；

（5）安全管理计划；

（6）分包安全管理；

（7）消防管理计划；

（8）文明施工管理计划；

（9）现场保卫计划；

（10）环境管理计划；

（11）成本管理计划；

（12）分包管理措施；

（13）绿色施工管理计划。

6.1.8　施工现场平面布置的编写

1. 设计内容

（1）绘制施工现场的范围；

（2）大型起重机械设备的布置及开行线路位置；

（3）确定施工电梯、龙门架垂直运输设施的位置；

（4）场内临时施工道路的布置；

（5）确定混凝土搅拌机、砂浆搅拌机或混凝土输送泵的位置；

（6）确定材料堆场和仓库的位置；

（7）确定办公及生活临时设施的位置；

（8）确定水源、电源的位置；

（9）确定现场排水系统的位置；

（10）确定安全防火设施的位置；

（11）确定其他临设的布置。

2. 施工现场平面设计的步骤

3. 绘制要求

4. 施工现场平面布置管理规划

6.2　单位工程施工组织设计范例

第一章　编制依据及说明

本工程施工组织设计，主要依据目前国家对建设工程质量、工期、安全生产、文明施工、降低噪声、保护环境等一系列的具体化要求，依照《中华人民共和国建筑法》《建设工程质量管理条例》《国家现行建筑工程施工与验收技术规范》《建筑安装工程质量检验评定标准》《住宅楼招标文件》《施工招标评定标办法》《住宅施工图》《答疑会纪要》以及根据政府建设行政主管部门制定的现行工程等有关配套文件，结合本工程实际，进行了全面而细致的编制。

我公司非常感谢建设单位对我方的信任，有幸参加本工程的修建。本工程施工组织设计，是按照设计单位及业主要求和《中华人民共和国建筑法》《建设工程质量管理条例》《国家现行建筑工程施工与验收技术规范》《建筑安装工程质量检验评定标准》等内容要求，经公司专题会议研究后，进行了认真而详细的编制，未提之处均按照施工图纸设计、国家现行技术规范、质量评定标准以及有关文件等要求的具体规定进行施工。

第二章　工程概况

第一节　工程概况

本工程为底部框架结构，嵌固端为基础，负一层、一层为商业，一层层高 3 900 mm，三层～六层为住宅，层高为 3 000 mm，建筑物高度（室外地面至主要屋面板的板顶）为 23.400 mm，设计标高±0.000 mm 相当于绝对标高，详见建筑总平面图。本工程节后设计使用年限为 50 年，耐火等级为二级。

第二节　结构设计特点

地基基础设计等级为丙级，安全等级为二级，地基持力层为中风化石灰岩，其承载力特征值 f_{ak}=3 000 kPa，

基础形式：人工挖孔桩。

砌体材料：±0.000 m 以下，用 MU10 普通机制水泥砖，M10 水泥砂浆砌筑。±0.000～3.900 m 用 MU 普通机制水泥空心砖，M10 混合砂浆砌筑。3.900 m 以上用 MU10 普通机制水泥砖，M10 混合砂浆砌筑。

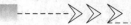

结构：砖混结构。受力钢筋主筋保护层厚度：基础为 40 mm，梁柱为 25 mm，构造柱、圈梁为 20 mm，卫生间、厨房现浇板为 20 mm，其余现浇板为 15 mm。部分板为混凝土现浇板，现浇混凝土强度等级：基础混凝土垫层为 C15，基础顶至 3.900 m 为 C30，3.900 m 以上混凝土为 C25。

第三章 现场平面布置

第一节 平面布置原则

平面布置力求科学、合理，充分利用有限的场地资源，最大限度地满足施工需要，确保既定的质量、工期、安全生产、文明施工四大目标的实现。

第二节 施工现场平面布置图

《施工现场总平面布置图》附后。

第三节 施工道路

根据现场平面布置图和现场的实际情况，按场地内原来的排水坡向，对场地进行平整，修筑宽 6.0 m 现场临时道路。现场路基铺 350 mm 厚砂夹石。

第四节 材料堆放

为了保证现场材料堆放有序，堆放场地将进行铺设找平处理，即钢筋、模板、砂石料、砖、周转料场等场地。材料尽可能按计划分期、分批、分层供应，以减少二次搬运。主要材料应严格按照《施工现场平面布置图》确定的位置堆放整齐。

第四章 施工方案

第一节 施工准备

施工前组织有关专业技术人员熟悉图纸，组织技术交底。材料供应部门，提出外加工订货单，并提出工料分析和进行图纸会审，做设计交底。

第二节 施工现场临时用电

施工机械用电量：

名称	型号	台数	功率/kv
砼搅拌机	JZC-350	1	11
钢筋断钢机	GJ40	1	2.75
钢筋调直机	4～10 mm	1	8.0
钢筋弯曲机	WJ40-1	1	2.25
电焊机	BSI-330	3	21
塔吊	QTZ63 QTZ56	2	85
小型机具		若干	68.7

工地总用电容量：

$$S=K[\sum P_1/\mu\cos\phi\,]K_1K_2+\sum P_2K_3$$
$$=1.05\times[268.9/（0.85\times0.6）]\times0.45\times0.75+12\times0.7$$
$$=295.67（kV\cdot A）$$

计划总用电容量为 295.67 kV·A，因施工机械不同时使用，故此用电量可满足要求。

施工现场安排七路供电，建筑物北侧一路，东南侧一路，楼内三路（每个单元各设一路），电焊机一路，生活区一路。每隔一层各设流动配电箱一个，所有动力线路均用电埋地暗敷设置引入，分别设配电箱控制。夜间照明采用低压行灯。

第三节 施工现场临时用水

供水：水源从建设单位上水管中接出，现场采用 $\phi 50$ 的供水管径，经（水表）供入施工现场管网，管网布置沿现场用水点布置支管，埋入地下 50 cm；各施工段用胶管接用，考虑到季节性供水短缺和周围的环境卫生，备蓄水（暗）池供施工用水。

排水：施工现场场地狭窄，为了充分利用现场现有的使用面积，现场所有排水沟均为暗沟，排入建设单位指定的家属区下水管道；为保证现场清洁卫生，做到文明施工，在混凝土搅拌站旁挖一个沉淀（暗）池，将沉淀后的水用泵抽到排水沟中。

第四节 施工测量

本工程施工测量要求比较高，为了确保工程质量达到标准，为此，本工程特设施工测量专业小组，整个工程由开始的坐标、标高到各层的轴线测量，均由测量专业小组负责。为测量小组配备 NTS-312B 全站仪一台，水准仪一台。仪器使用前，应经检测合格。

附件：《检测、计量器具一览表》。

在施工过程中，根据楼面标高，立好皮数杆，按皮数杆控制线砌砖。当砌完一步架高而未搭设脚手架前，开始作+50 的找平测量。

用水准仪找平，操作程序如下：

（1）安置水准仪。

（2）确定楼（地）面一个+50 cm 点，在楼板上应按设计要求加上楼面层设计厚度。

（3）根据已定的+50 cm 点，用水准确定塔尺的读数。注意塔尺底部要与+50 cm 点对平。

（4）塔尺的读数或标记，用水准仪测出每间屋内转角处的+50 cm 点。

（5）根据塔尺的读数或标记，在每层确定固定轴线的部位，引测到外墙上做好标记，记上标高，用来挖掘层高和总高。

（6）用墨线连接所有的+50 cm 点，本层的+50 cm 水平线即测量完成。

轴线控制步骤如下：

① 基础工程放线：根据永久性坐标桩，投测基槽挖土和混凝土垫层面，控制轴线。

② 标高控制：在基础施工阶段，在基坑内设置固定标高控制点，以控制基础各施工过程的标高。

③ 主体施工时，每一层楼面标高要引出，用 50 m 钢卷尺 15 m 拉力器，从楼固定标高标准点到各楼层暗柱钢筋上，均设水准控制点。

第五节 沉降观测周期确定

建筑物建成后会引起基础及其四周的地层产生变形，这种变形在一定范围内是正常的，但超过一定的限度，不仅会影响建筑物正常使用，严重时还会危及生命。

为了建筑物的安全使用，对其进行变形观测是一项不容忽视的工作。在实际工作中，我公司按照《建筑变形测量规范》（JGJ 8—2007），对于建筑物的有效监测，及时、准确地反映出沉降规律。

根据荷载的变动，可将观测周期分为三个阶段：

第一阶段：从开始施工到满负荷载。此阶段的观测周期视施工进度而定，一般为 10 天至一个月。

第二阶段：从满荷载至沉降速度变化趋向稳定。此阶段观测周期，在施工过程中每完成一层主体，作一次沉降观测，不得超过三个月复测一次。

第三阶段：自沉降速度稳定到基本停止沉降（0.01mm/d）。其观测周期：开始为半年或一年

一次，以后可 2～3 年一次。

为了保证观测精确度，按规定埋设永久性观测点，采取"三固定措施"，即仪器固定、主要观测人员固定、观测的线路固定。竣工后，认真分析、汇总沉降观测结果并做好记录，交工时并入竣工资料交建设单位存档。

第六节　主要分项工程的施工方法

1. 钢筋混凝土工程

钢筋混凝土工程包括模板工程、钢筋工程、混凝土工程三大工种，施工生产中必须密切配合，统筹安排，合理组织，确保构件的施工质量。

（1）施工工序：

制作模板→安装模板→安装钢筋骨架→拌制混凝土→浇捣混凝土→养护混凝土→拆模→模板修补。

（2）机械设备的配备：

本工程砼采用自动计量配料机上料。

① 混凝土搅拌前，应按配合比调整自动计量配料机，由专职上料机操作人员控制上料机。

② 在浇灌混凝土前，将模板内的杂物和钢筋上的油污等清理干净，将模板的孔洞和缝隙堵严，并将模板浇水湿润，但不得有积水。当浇筑高度超过 3 m 时，应将混凝土通过制作好的串筒投入，不得随意投入而造成混凝土离析。

③ 施工前的检查工作：模板、支撑要牢固，几何尺寸、轴线要准确，设备安装管线要预埋完备；钢筋垫块、铁马凳要安放牢固；搭设的马道必须牢固，不能将架板放在钢筋上。

（3）质量要求：

凡进入现场的原材料，水泥应检查出厂证明书，并按规定进行安定性和强度试验，贮藏期三个月以上的水泥应重新核定其标号；砂石材料应符合相应的规范要求。对进场的水泥，必要时应重新进行试验鉴定，并做含泥量和压碎试验。

（4）混凝土浇筑方案：

为了切实做好混凝土工程的施工，特拟订混凝土浇灌方案如下：

根据本工程混凝土工作量，计划在楼中部配备一台 JZC-350 混凝土搅拌机，该搅拌机平均搅拌能力为 3～4 m^3/h。

结构层混凝土、预制构件板的垂直运输，后期室内外装饰工程，主要依靠两部快速提升架完成。快速提升架负责运输的同时，承担装修阶段、设备安装的垂直运输任务。

两部速提升架负责运输，同时承担阶段的垂直运输任务。

项目经理部生产负责人在混凝土浇灌的施工准备及施工过程中，对钢筋混凝土条形基础、主体梁、部分板匀以其浇筑速度 4.8 m^3/h 进行工作安排，并及时掌握施工准确及施工进度的进展情况，提前做出劳动力和工具的调整安排。

为了保证浇灌的混凝土不在二次浇灌前凝结，而产生较多的施工缝，本方案根据分部工程砼工作量及灌筑强度，特对其每次浇筑铺设长度做出如下规定：

① 基础：自西向东一次浇筑完成，不留施工缝。

② 梁板浇灌方向同上，每次浇宽度不小于 1 500 mm，自西向东 S 形推进，一次连续作业完成，不留施工缝。

③ 构造柱浇灌时，用脚手架钢管制作操作平台，要牢固、平稳。梁、板浇筑时，用脚手钢管大于 φ20 的钢筋制作成简易马凳，跨越钢筋，同时铺设操作台和人行通道，以防止在操作过

程中破坏已成形的钢筋网。

（5）注意事项：

① 在浇筑混凝土前，要严格执行混凝土浇灌令制度，严格控制混凝土的标号，由专人负责监督检查，发现问题及时纠正。

② 拌制混凝土所使用的材料应计量准确，按配合比严格配料，充分搅拌均匀后方可出料。

③ 梁、板采用插入式震动棒振捣，混凝土浇筑的自由下高度不得超过 3 m，结构超高时应设斜槽下料；板表面采用平板振动器振捣。混凝土厚度按 1.25 倍震动棒长度分层进行，梁板同时浇筑，垂直构件连续浇筑，并避免触及模板，防止模板跑位。振捣中不得漏振、欠振、少振、超振。

④ 混凝土施工缝按楼层设置，垂直方向不得设置施工缝。施工缝的处理方法参照有关规定进行。

⑤ 混凝土浇筑成型后，应根据现场气候情况进行洒水养护。已浇筑的混凝土应覆盖和浇水养护，并不得少于 7 昼夜，防止混凝土出现裂缝。

2. 钢筋工程

（1）钢筋的质量要求。

本工程所使用的钢筋均为现场加工、安装，对每一种型号的钢筋，进入现场前都必须有其出厂合格证，并经有关单位进行拉力及冷弯试验、可焊性分析，复检合格后工地方可使用。钢筋表面应清洁，无损伤、无污染、无铁锈，在使用前必须清除干净。钢筋应按施工顺序配套加工，每种规格的钢筋必须挂牌标注，堆放整齐。工程中使用的成品钢筋型号、直径、形状、尺寸、数量必须和施工图、料单相符。钢筋按施工图放样并制作后，分规格、型号、部位码放，并书写标志牌。

（2）加工设备的选择。

钢筋集中设在现场进行制作、绑扎。配备一台钢筋调直机，一台钢筋切断机，一台弯曲机，三台电焊机。

（3）钢筋的绑扎和安装。

绑扎钢筋时，根据现场情况在模板上用笔标出箍筋或分布筋位置，并以此作为绑扎依据。当模板未支好便绑箍筋时，可在焊接好的主筋上用钢尺按图纸要求分好箍筋绑扎点，并用记号笔标出位置，而后即可进行绑扎。钢筋的绑扎、焊接及加工形状，必须符合设计及规范的要求。

钢筋搭接长度按设计要求加工、安装，绑扎钢筋时要严格控制位置，柱子钢筋上口应设置锁口箍筋，点焊牢固且保证轴线位置正确。各种负弯矩筋，应用隔点焊接牢固，防止倾倒。

双层钢筋上下要保证用"几"形钢筋支撑，梁、板、柱钢筋均应垫块，以保证保护层厚度符合设计要求。现浇悬挑构件，上部钢筋严禁踩踏，要设置钢筋凳支稳，以免浇灌混凝土时踩踏；柱子钢筋采用电渣焊施工，在施工中必须确保构造柱的柱子筋同心，并且焊接符合质量要求。其支撑混凝土的垫块标号必须与所浇构件相同。按图纸设计施工，不得任意代换；若必须代换，必须征得建设单位和设计单位的同意。

（4）钢筋电渣焊的主要施工方法。

【施工准备】：

① 将钢筋端头 120 mm 范围内的铁锈、污物清理干净。

② 检查电路，观察电压波动情况，当电压降至 4% 时，不宜操作。

③ 采用与钢筋材质相适应的焊剂、焊丝。

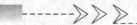

【操作方法】：

将夹具的下钳口夹牢在下钢筋的 70～80 mm 处，将上钢筋扶直，并夹牢至上钳口内约 15 mm 处，并保持上、下钢筋同心。安放焊剂盒，并投入焊剂。操作时，先将上、下钢筋接触，接通焊接电源后，立即将上钢筋提升 2～4 mm，引燃电弧，继续缓缓上提钢筋 5～7 mm，使电弧稳定燃烧。之后，随着钢筋的熔化而渐渐下送，并转入电渣过程。待钢筋熔化到一定程度后，在切断电源的同时，迅速进行预压，持续数秒后，方可松开操作杆，以免接头偏移或接合不良。

3. 设备安装工程

本工程主要分为以下几个系统：给排水系统、消防系统、照明电气系统、防雷接地系统，此外还有综合布线等安装工程的施工和管理。

（1）施工准备。

土建工程开工后，设备安装工程进入施工前的准备阶段：当进入基础工程的施工时，设备安装工程的预埋工作开始，设备安装人员配合土建进行施工。

（2）施工方法。

本工程中设备安装工程的施工工期比较紧张，设备安装人员必须穿插进行施工。设备安装采取分路同时进行，根据施工进度、天气情况，随时调整。

① 给水、排水管道安装。

管道安装：安装前必须清除内部污垢和杂物，防止阻塞。

管架制作安装：严格按施工图纸要求下料、弯曲，经过黏接处理后，安装在承重结构上，位置要正确，埋设平整牢固，与管道接触紧密。

给排水管道安装：给水管严禁水平埋管，坡向泄水装置；排水管管径和最小坡度应严格按设计要求其规范施工。

管道连接：给水管道采用 PPR，专用接头黏连接口；室内排水管和出户管采用 PVC 管，专用接头黏连接口。

② 电气安装。

电气安装交叉施工多、任务重，因此要做好相互协调工作，紧密配合土建、设备及其他工种。

配电：电力电缆埋地入户。配电系统采用三要五线制。入户处作一个接地系统，其接地电阻小于 10 Ω。

③ 防雷、接地：屋面上做避雷带，沿其避雷带线路将基础底板内的 8 根 ϕ8 分布钢筋焊接贯通，形成导电网路。防雷引下线利用构造柱内两根主筋焊接贯通，顶端与屋面防雷带焊接，屋面金属管件与防雷带焊接，引下线底部与基础内形成导电网路的 8 根 ϕ8 分布筋焊接。防雷接地电阻小于 10 Ω。预埋、预留、设备施工：现场施工的技术人员，应对预埋件、洞口尺寸位置进行检查，填写预埋件等隐蔽工程验收单。设备工程中的预留洞、预留管道均应在土建施工中穿插进行，避免以后打洞开槽。钢筋混凝土结构施工中，水、电等必须密切配合施工。在进行后期水施、电施设备安装施工时，土建必须与设备相配合。

4. 装饰工程

装饰工程所选用的材料必须具有产品质量合格证、产品说明书及操作规程。材料的品种、规格、颜色和图案，必须符合设计要求和现行材料标准的规定。

抹灰前必须将穿越墙面和楼板管道孔填实，密集管道的背后墙面抹灰，接茬应顺直。室内外抹灰工程施工时，应浇水湿润墙面，摊饼冲筋、归方，然后再进行逐间、逐层抹灰。

各装饰分项工程应首先做好样板间，经建设单位、监理验收确认施工质量优良后，方可继

续大面积分班组施工，其他各分项工程严格按照施工操作归程及规范进行施工。然后再进行逐间、逐层抹灰，特别强调细部细作，精心施工。

5. 脚手架工程

脚手架的搭设必须符合规范要求，保证作业人员的安全。脚手架搭设完后，必须组织有关部门和人员进行检查验收，合格后方可使用。

（1）扣件脚手架的搭设要求：

① 用扣件、钢管搭设的脚手架，是施工临时结构，它要承受施工过程中的各种垂直和水平荷载，因此，必须有足够的承载能力、刚度和稳定性。

② 在大横杆与立杆的交点处，必须设置小横杆并与大横杆卡牢。整个架子要设置必要的支撑点与连墙点，以保证脚手架成为一个稳固的结构。

③ 外脚手架的搭设：沿建筑物周围连续封闭，因条件限制不能封闭时，应设置必要的横向支撑，端部设置连墙点。

（2）脚手架支撑的设置。

脚手架纵向支撑在脚手架的外侧，沿高度方向由下而上连续设置。纵向支撑宽度宜为 3~5 个立杆纵距，斜杆与地面夹角度为 45°范围。纵向支撑应用旋呈件与立杆和横向水平杆扣牢，连接点与脚手架节点不大于 200 mm。纵向钢筋支撑的接长，宜采用对接扣件对接连接；当采用搭接时，搭接长度不小于 400 mm，并用两只十字扣件扣牢。为便于施工操作层处的横向支撑可临时拆除，待施工转入另一施工层再设置。脚手架的横向支撑不宜随意拆除。

（3）钢管脚手架的拆除。

拆除脚手架必须有拆除方案，并认真对操作人员进行安全技术交底；拆除时应设置警戒区，设立明显标志，并有专人警戒。拆除顺序：自上而下进行，不能上下同时作业。连墙壁点必须与脚手架同时拆除，不允许分段分立面拆除。拆除下的扣件和配件应及时运至地面，严禁高空抛投。

（4）脚手架的安全设施。

① 安全网是建筑施工安全防护的重要设施之一，按悬挂方式分为垂直与水平设置两种。

② 垂直设施安全网与脚手架的外侧，一般用安全网密封，四周满挂围护，安全网封闭严密，与脚手架固定牢固。由建筑物的二层起，设水平安全网，往上每隔一层设置一道。

6. 砖砌体工程

（1）材料工程。

砌体结构主要由砖和砂浆组成。

① 砖：3.90 m 以下采用水泥空心砖，3.90 m 以上采用水泥实心砖，施工时要严格按照《建筑抗震设计与施工规程》的要求进行。砖在使用前必须达到以下要求：必须做标号检验、耐久性、外观检查，几何尺寸要符合规范规定，砌筑前应提前浇水湿润，含水率为 10%~15%。

② 砂浆准备工作：砌筑砂浆由水泥砂浆和混合砂浆两类组成。砂浆各项性能指标须满足以下要求：流动性、保水性、强度、黏结力、变形。

③ 脚手架：砌筑砖墙时采用搭设内脚手架。

（2）砌筑工序：

砖墙砌筑的一般顺序是：抄平→放线→摆砖→立皮杆数→盘角→挂线→砌筑→勾缝→清理。

（3）砌筑的质量要求：

在施工过程中，选择有丰富施工经验的人员，保证砌体具有良好的整体性、稳定性、受力性能。施工把好原材料关、工艺水平关。质量达到：灰缝横平竖直、砂浆饱满、薄厚均匀；砌

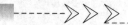

块上下错缝、内外搭接；接搓牢固。

（4）施工方法。

基础经验收合格后方可进行砌体施工。

① 灰缝横平竖直、砂浆饱满、薄厚均匀。施工时，要求水平灰缝砂浆饱满度不低于 80%，厚度以 10 mm 为宜，不宜小于 8 mm 或大于 12 mm。为了保证铺灰平整，所以在施工时要用"三一砌法"，即一铲灰，一块砖，一挤揉。保证墙体保温、隔声、竖向灰缝饱满、灰缝厚度均匀一致。

② 砌块上下错缝、内外搭砌：为了提高砌体的整体性、稳定性和承载能力，砖块排列应遵守"上下错缝，内外搭砌"的原则。每层砌砖分两步架，两个施工层，采用"一顺一丁"砌合法，200 墙单面挂线，线应绷直、拉紧，每层砖都要跟线。为提高受力性能，各层承重墙、梁下最上一皮砖采用丁层砌法。砌筑要上下错缝，组砌合理，避免产生游丁走缝、通缝现象。抗震节点构造必须注意横平竖直，隔墙顶面与上部结构接触处宜用侧砖或斜砌挤紧，防止砌体的不均匀沉降和失稳。

③ 接茬牢固：施工时按照留搓的原则，对不能同时砌筑而必须留搓的部位，采取留斜搓，高度不宜超过一步架，长度不小于高度的 2/3。如受到其他因素的影响，可考虑留直搓但必须是阳搓，并加拉钢筋，其数量是 100 mm 厚墙用一根 ϕ6 钢筋，间距沿墙不超过 500 mm 钢筋末端做 90° 弯钩。

（5）砌筑高度：当出现相邻建筑物高度不同时，施工顺序为先高后低。当分段施工时，相邻施工段、高差要小于一层楼或小于 4 m；同时，为了减少灰缝变形引起砌体沉降，每日砌筑高度不宜超过 1.8 m。

7. 模板工程

（1）施工工序：

施工准备→模板的选择→拼装→支撑柱、梁、板模板→安装→校核→浇砼→拆模→清理→再周转使用。

（2）准备工作。

由木工工长按设计要求，对各分部制定配模及支撑方案，按照方案确定几何形状、尺寸、规格、数量、间距，不得任意加大，防止产生结构变形。并提前提供《材料需用量计划表》，按施工进度要求确定模板、材料进场时间，因施工现场比较狭小，材料随进随用，尽量减少堆放场地。

（3）模板的选择。

工程所使用的模板：柱、梁、模板以定型组合钢模板为主；板采用高强度钢框覆塑胶合板；楼梯采用拼合式钢模板体系。

（4）圈梁砼硬架支模方法。

在砖混结构施工时，对 200 mm 内墙的硬架支模体系进行了改进，具体做法如下：

① 各部位组装好后，部件（1）用 50 mm×100 mm 方木加工成 L 形，在（11）其底部、外侧钉一 40 mm×4 mm 的带钢，部件（2）为 ϕ6.5 钢筋焊成的封闭套，部件（3）、（4）为木楔，部件（5）为 300 mm 宽的钢模板。

② 安装时，在预留洞（截面 53 mm×120 mm，间距 1 000 mm）内先穿 40 mm×50 mm 小方木，临时支撑钢模板。再在预留洞内穿入部件（2），使其两端出墙部分大致等长。由下向上穿入部件（1），按弹好的水平线（距圈梁顶 550 mm 左右）将部件（1）上的带钢钉入砖缝内 20 mm。两端由下向上插入木楔（3），两端同时用锤敲击，撑紧部件（2），使其紧固部件（1）及钢模利用木楔（4）调整钢模板上皮高度，使其与设计圈梁上皮对齐。取出临时支撑，即完成支模工序。

③ 将（7）预制空心板直接吊装在已支好的模板上。利用（6）板头间的 80 mm 间隙浇灌圈梁砼。

④ 拆模时，打掉木楔（3）、（4），部件（1）轻轻一撬即可拆掉，部件（2）和钢模板即可自然取下来了。

这种支模方法不易出现"缩口"、"跑模"等通病，能很好地保证砼的几何尺寸。各部件均能多次周转使用，省掉了常用的顶柱及 50 mm×100 mm 穿墙、锁口方木，操作工序简单，大大加快了施工进度，降低了施工成本，而且有利于现场文明施工。

附件：《圈梁砼硬架支模组装图》

（5）模板工程的施工质量。

模板工程的施工质量，必须做好拼缝严密不漏浆，支撑稳固安全不变形，标高和构件断面尺寸严格按图施工，按规定验收。对墙板节点的模板提前配置好，方便拆除安装，保证外观质量和断面尺寸。

（6）模板的拆除。

拆除支撑及模板前，必须经项目经理部的同意后方可拆除模板。模板拆除时不得对混凝土表面造成损伤；梁板模板拆除前，必须在试压报告出来后，满足施工规范的要求，方要拆除模板。模板拆除后，应做到工完场清。

8. 屋面工程

屋面工程施工前，凡进入隐蔽工程的施工项目，应对前一分项分部工程进行验收。防水施工前，基层应干燥、平整、光滑，阴阳角要做成小圆脚。屋面工程施工时，注意掌握温度，保证具备防水功能，无渗漏现象，其构造和防水保温层必须符合设计要求。屋面工程施工完成后，应采取妥善的保护措施防止损坏。

（1）掌握施工操作要领。

① 施工准备。

对进库的防水卷材应进行抽样复试，其抗拉强度、延伸率、耐热性、低温柔性以及不透水性均应达到规定指标。

② 施工要求。

保温层：保温层的厚度、坡度要根据设计要求铺设，表面平整、密实。

找平层：为防止砼找平层的水分渗进保温层，用细石混凝土找平、拍实、压光。

③ 排气管：在浇筑细石混凝土找平层时，按 6 m 间距留设纵横排气道，十字交叉处安插排气管，沿女儿墙或檐沟留设分格缝，缝内嵌胶泥密封膏。

④ 找平的表面必须平整整齐，坡度一致，无积水，不起砂。找平层与女儿墙、烟囱、管道必须抹成圆弧状，以便铺贴屋面防水卷材。

（2）施工工序。

施工顺序：清理基层→试铺、弹线→卷材→辊压、排气→搭接缝密封处理→清理、检查、验收。

① 清理基层：找平层表面必须清理干净，特别是檐沟、落水口、排气道内的杂物均应清理干净。

② 找平层：20 厚 1∶2.5 水泥砂浆找平，要求厚度均匀。

③ 铺贴防水卷材：施工前先将卷材打试铺，在基层上弹线定位。卷材长边搭接 7 cm，短边搭接 10 cm。

④ 自黏防水卷材铺贴要保持松弛态，不宜拉紧，铺贴时应用压辊由卷材中央向两端压实，

赶出气泡，避免空鼓、皱折。

⑤自黏防水卷材之间接缝黏结：待大幅卷材铺贴后，对压实黏牢的接缝处，亦可再用密封膏进行封口处理，以确保严实。

⑥屋面防水卷材施工前，应将管道根、烟囱根、落水口等节点周围以及转角处的卷材剪开，采用密封膏封固。

⑦屋面防水卷材施工完毕，应认真检查接缝和各节点部位的粘贴密封质量，以保证防水层整体质量严密，不渗水。

（3）细部处理。

卷材防水屋面一些细部大多数是变形集中表现的部位，如结构变形、基层和防水层收缩及温差变形等，这些部位易产生开裂而导致渗漏。对这些部位采取"一头、二缝、三口、四根"的处理方法，具体如下：

①一头——选材收头。

女儿墙四周留设1/4砖槽，槽下部采用水泥砂浆抹成斜面，卷残压进槽内，用油膏封严，再用水泥砂浆抹女儿墙时抹收头。

②二缝——变形缝、分格缝。

a. 变形缝：在变形缝上铺贴2层（附加一层）防水卷材，各粘贴一边，以适应沉降变形的需要。

b. 出入口：屋面的洞口容易踏破卷材引起渗水，因此在出入口处采用双层防水卷材铺贴，以增强其防水能力。

c. 落水口：为保证屋面雨水迅速排出，落水口应低于檐沟，而檐沟必须坡向落水口，在初抹后还要放水试验，以保证坡度正确。

d. 四根——女儿墙根、烟囱根、管道根、设备基础根

在女儿墙根、烟囱根、管道根、设备基础根与屋面交界处，均采用细石混凝土或水泥砂浆抹成圆弧状。粘贴防水卷材时，底部先贴一层附加层，上部防水卷材收头贴进凹槽内，并用密封膏封固。

管道根部采用细石混凝土拍成锥形，粘贴防水卷材时（底部先贴一层附加层），上部剪成三角形与管道粘贴牢固，并用密封膏封固。

（4）把好检查验收关。

①屋面防水卷材贴完验收后，必须将卷材物理性能的检查报告及其他有关资料收集归档。

②屋面不应有积水渗漏现象存在。检查积水或渗漏的一般方式有三种：a. 在下雨后进行；b. 浇水进行；c. 蓄水的方法。

③防水卷材的接缝必须粘贴牢固，封闭严密，不允许有皱折、孔洞、脱层、或滑移和其他缺陷。

④落水口周边以及防水卷材的末端（收头）必须封闭粘贴牢固，并要把落水口和檐沟的尘土、杂物清扫干净，以确保排水畅通。

屋面工程施工时，注意掌握温度变化情况，保证防水功能，无渗漏现象，其构造和防水保温层必须符合设计要求。屋面工程施工完成后，应采取妥善的保护措施防止损坏。

9. 基础工程

基础施工前必须按《建筑场地墓坑探查与处理现行规程》进行探查处理。如果遇到异常情况或与地质勘查报告不符时，应与建设单位、设计院商定处理方案。

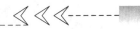

（1）施工工序：

场地平整→测量放线→定位→人工挖孔桩→验桩→桩心砼→地梁基槽开挖→地梁钢筋→地梁砼→基础验收。

（2）土方机械的选用。

空压机、水钻、挖机、搅拌机、塔吊、抽水机。

（3）土方工程。

人工挖孔桩，全站仪放线，砌砖井圈，人工挖土方，将采取有效措施，每天挖 1.0 m 深，加钢筋浇筑护壁砼 C25，土方堆在孔桩 1.0 m 以外。采用以上的方法施工水面以下的桩身时，嵌岩采用水钻，且人员上下必须系安全绳。

为保证基础回填土的施工质量，将坡道设置在基槽以外。

基础施工完毕应及时清理，并用素土分层回填夯实至室内设计标高，同时邀请有关部门进行基础工程的验收，合格后再施工上部结构。

第五章 施工组织及施工进度计划

第一节 施工段的划分

本工程施工全过程有基础工程、主体工程、装饰工程、屋面工程、设备安装工程，从基础工程开始到主体工程完成，由西向东平行均衡流水（不等高式）施工。

附件：《施工流水示意图》。

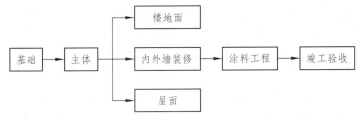

第二节 主要工序

本工程总的工程序为：先地下后地上，先土建后设备安装，先结构后装饰。

基础工程：采取由下而上的施工顺序施工。

主体结构：施工时，采取平行流水不等高式施工，由下而上逐层分段流水施工。

装饰工程：主体结构完成之后，邀请质量监督部门对主体工程乾地质量检查，验收合格后，方可施工。施工时，自上而下逐层进行内装修，待女儿墙压顶完成后，自上而下进行外装饰。室内外装饰不分施工段，采取先内部、后外部的施工顺序。

附件：《施工工艺流程图》。

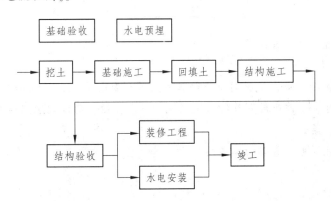

根据本工程特点，为了有利于结构的整体性，减少建筑物的施工缝，因而，从基础工程开始到主体工程完成，采取平行流水施工，即由西向东流水施工。

第三节　劳动力安排

劳动力组织采用按工种分组施工的方式，统一调度各工种的施工力量组织施工。根据本工程的工作量、进度要求等因素，高峰期二班倒选用劳动力达 126 人。在装修期间和水、电、设备安装工程中由专业人员配合施工。

第四节　施工管理机构和项目经理部的组成

为能够给贵单位承建优质工程，按目标工期提前完工，我公司将把该工程列为重点工程和信誉工程。决定选派技术能力强、经验丰富、工作作风过硬、善打硬仗的精兵强将，并派遣具有资质等级的项目经理和具有中级以下职称的专业技术人员组成项目部管理机构，全面负责该项目的实施。在施工过程中，公司将定期分批安排有关部门和有关人员对该工程的实施进行检查、督促，对施工方案进行改进、修正。为保证项目顺利进行，我们将贯彻"重合同、守信誉"的方针，全方位保证该项目标工程的顺利实施。

附件："项目经理部管理机构图"、"主要管理人员一览表"。

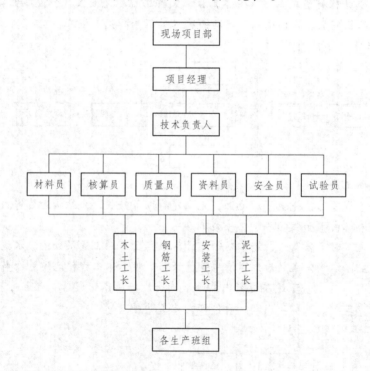

第五节　施工进度计划及措施

1. 进度计划监督管理

为了保证工程按期完成，我公司坚持施工进度计划监督管理；并根据工程的实际情况制订工程年、季、旬、月、周作业计划及相应进度统计报表，按进度计划组织施工，接受甲方代表、监理对进度的检查、监督。

劳动力调动情况详见《劳动力动态图》，附后。

主要工种人数一览表

序号	工种名称	数量/人	备注
1	瓦工	50～60	结构阶段
2	钢筋工	20～30	结构阶段
3	木工	40～50	结构阶段
4	架子工	20	结构、装饰
5	粉刷工	120	装饰阶段
6	水电安装工	5～10	结构、装饰
7	油漆工	20～30	装饰后期
8	机操工	10	结构、装饰
9	配合工	10	结构、装饰

2. 施工进度计划

《施工进度计划横道图》附后。

结构工程的施工周期，占总工期的 60% 以上，且易受自然气候的影响。当进入标准层施工后，人员、设备的运转日趋正常，为确保阶段工期的实现，分项工程工期按如下五个阶段进行综合控制：

（1）基础工程工期 60 日历天。

（2）首层、顶层工期各 20 天，标准层每 10 天一层，主体结构共 110 日历天。

（3）主体结构完成后，邀请建设单位、市质量监督站等有关部门对主体结构工程进行验收，达到质量标准后，方能进行室内装修工程的施工。设备安装工程的预留、预埋、安装、调试和土建同时进行。

（4）土建收尾工程 20 天。

（5）根据当地气候，从××××年××月××日至××××年××月××日期间为夏季施工期，在夏季施工期之前，做好夏季施工排水等准备工作。

3. 施工协调配合

本工程因其结构特点存在着多工种、多项目、多部位交叉作业。为了保证操作面的宽松而又能有效地利用，使操作工人紧张而有序地工作；水平及垂直运输平稳而又能满足施工需求，使整个现场施工有条不紊得进行，特制定如下制度：

（1）现场项目经理、施工工长应从施工机械的有效利用及操作着手，合理、科学的调配劳动力，各工种、各作业班组本着局部服从整体的原则，辅助工序、穿插工序给关键工序让路的原则，服从项目经理部的统一管理，统一调配。

（2）项目经理部每日及时召开"碰头会"，由项目生产副经理主持，及时安排当日工作协调事项和解决施工问题。

（3）每周定期召开一次施工现场协调会，邀请建设单位有关人员和现场监理参加，对整个项目施工进行阶段性协调。协调会由项目经理主持，广泛听取各部分项目工程及其他负责人的汇报、要求和意见。考虑整体形象进度以及质量目标等因素，综合平衡工程施工的每个具体环节。

（4）现场经营管理部门作出切实可行的配合作业计划，安排好各分部分项、各工种之间的工作内容、工作时间、工作地点，尽可能避免工作存在同一时段范围内重叠的现象。

（5）项目经理实行阶梯统一管理模式。现场施工由项目生产经理统一安排、统一协调。项目生产副经理的工作安排应科学、合理、周密。

第六章　质量保证措施

第一节　施工质量把关措施

（1）严格按照 ISO9002 国际标准管理体系的要求组织施工，把"质量第一"的方针全面落实到一系列经营管理与生产经营活动之中。认真贯彻"谁施工，谁负责工程质量"的原则，切实做好"三检"（自检、互检、交接检）工作，确保各分部分项工程均达到质量标准。严格行住建部颁布的《施工规范》、《质量验评标准、规范》，确保优良工程的实施。同时，严抓质量，每周召开一次施工技术会议，提高管理水平，增强工作责任心，严格按图纸施工，保证工程质量，不违反操作规程。

（2）附件："质量保证体系"。

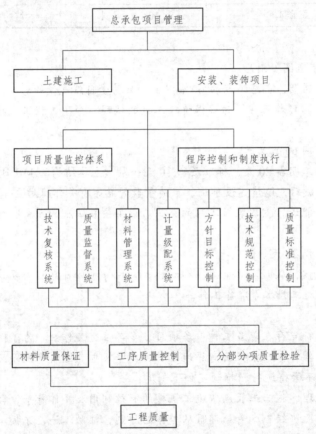

（3）建材质量控制措施：严格贯彻执行材料管理规章制度。所有原材料、成品、半成品进入现场，必须是住建部核定的合格产品，必须有产品出厂合格证，并经甲方、监理同意，现场的质量检查员、材料员签字后方可入库和进入现场堆放。水泥必须分期、分批作安定性试验，钢材必须做机械性能试验；现场使用的砂、石子必须过筛，砖头必须浇水湿润，不合格的材料禁止使用。工程中使用的设备、器具、暖卫材料，其品种、规格、技术性能，均应符合国家现行标准与工程的设计要求。凡用于工程安装的材料及设备，必须符合国标、部标的有关规定，具有材质证明书、出厂合格证、使用说明书等才可使用。

（4）按不同工种作业的各小组、挂牌工，责任落实到人，严管重罚，杜绝违章操作，禁止

偷工减料现象的发生，达到工完场清。

第二节　施工现场监督检查

（1）在项目负责人的领导下，负责检查监督施工组织设计的质量保证措施的实施，组织建立各级质量监督体系。严格监督进场材料的质量、型号和规格，监督班组操作是否符合规范标准。

（2）按照规范规定的分部分项工程检验方法和验收评定标准，正确进行"自检、互检、交接检"，实测实量，填报各项检查表格；对不符合工程质量要求的分部分项工程，提出返工意见。

（3）组织定期安全检查，查出的问题在限期内整改完毕；发现存在危及职工生命安全的重大安全隐患时，有权制止作业，组织撤离危险区域。建立防火措施，督促有关人员做好施工安全技术管理。

第七章　工期保证措施

第一节　建立严格的施工进度计划检查制度

施工中严格按照网络计划来控制施工进度与各工种的插入时间，施工管理人员根据总进度计划制订详细的月、旬作业计划，合理安排工序搭接和施工流向。为防止进度落后，项目部每日检查当日的施工进度情况，做到当时进度当时完成，今天不影响明天，上道工序不影响下道工序；对影响进度的关键部位，由项目经理指挥施工。如遇特殊原因或不可抗拒因素延误某项工序的进度，项目部将千方百计抢时间、充分调动各级施工人员的积极性和一切施工力量，在最短的时间内将进度抢上来。

第二节　保证材料及外加工构件的供应

开工前组织有关人员做好分部分项工程工料分析表，根据施工图预算提出材料、成品、半成品加工订货及供应计划。做好施工机械的落实以及材料的采供工作。根据《施工进度计划图》确定材料进场时间。

第三节　土建与安装的配合协调工作

在施工中，双方要互创造条件，合理穿插作业，同时均要注意保护对方的成品和半成品。在项目经理统一安排下，每周召开一次现场协调会，积极主动地解决好各工种之间的配合等方面的问题。选派有多年施工经验、善打硬仗的施工队伍，集中施工力量，充实组织管理机构。按施工进度计划网络图，合理安排劳动力及材料供应工作，提高施工效率。根据工程结构特点，分出主次部位，按照施工顺序、施工工艺进行立体交叉作业，以确保工程按期完成。

第四节　实行资金专款专用

我公司对项目部资金实行专款专用的管理办法，实行"一支笔审批制"，工程资金一律由项目经理批准后方可动用。

第八章　施工部署

本工程中标后，将开展创建"文明工地"活动，主要采取对建设工程质量、安全生产、文明施工、降低噪声、保护环境等一系列的具体要求，我们的口号是"建精品工程，展我司雄风"，特制定创建目标。

第一节　质量目标

质量目标：优良工程。

（1）保证合同承诺，交付满意产品。

（2）单位工程合格率100%，优良率在85%以上。

（3）确保优良工程，力争市级样板工程，创国家灾后重建精品工程。

（4）全面履行"质量责任终身制"的保修责任，科学施工、严格管理，让业主放心、满意，

工程产品交付后的回访率及维修率达到 100%。

第二节　工期目标

本工程要求工期为 180 日历天，计划××××年××月开工，××××年××月完工。

工期总目标：××年××月达到完工验收标准，××年××月前达到竣工验收标准。

在特殊情况下，分三班轮流上岗作业，加快施工进度，缩短施工周期性，同时向所在市有关部门提出申请，延长施工时间，经同意后方可施工。

我们充分利用早 6 点至晚 10 点的时间，以极大的热情和旺盛的精力，投入到现场施工中去，保证较高的生产效率，确保工期提前完工。

第三节　安全管理目标

安全管理工作以安全达标为中心，以目标管理为目的，以检查评比为手段，狠抓落实和兑现。从基础工作开始，我们建立 16 项安全管理措施，10 项管理台账。制定严格的检查考核办法，并与个人的经济利益挂钩，同时加强班组建设，制定班组安全活动的考核办法。通过上述措施，巩固达标成果。

安全达标目标：以安全为本，突出抓好现场管理，达到全员无人身重大伤亡事故，安全达标在 95%，力争 100% 达标。

第四节　文明工地管理目标

上半年达到"市级文明工地"标准。

重点开展创建"文明工地"活动，主要是"以人为本"，重点培养职工的爱岗敬业精神，突出抓"职业道德"教育，提高职工队伍的综合素质。

第五节　以科学管理为目标

我公司以科技进步为本，采用住建部推广应用的两项新技术，加快工程进度，降低工程成本。

第六节　抓好施工现场环境建设

抓好施工现场环境建设，严格实行噪声、建筑垃圾综合治理。做到施工不扰民，不破坏生态环境，保证施工现场的治安管理，使施工生产区、办公区、生活区做到环境整洁、紧张有序。

我们采用 8 小时工作制，分两班上岗作业。本工程位于家属区，为尽可能减少噪声，降低对周围居民的影响，凡遇夜间施工易产生噪声的施工项目和加工制作，项目部将进行施工调整，避开夜间休息时间作业。

围绕上述目标，健全管理体制，明确责任。对项目的实施，执行项目管理、核算、质量、进度一条龙负责制。

（1）采用先进的施工工艺、施工技术和施工机械，高起点、高标准、高目标、严要求地组织施工。施工中，严格按照规范化管理程序，每一个职能、每一项工作落实到人。

（2）采用计算机管理，信息传递均以书面形式完成。

（3）充分利用经济的杠杆作用和组织手段，激发和提高现场管理人员和操作人员的建设热情和工作责任心，加强全体人员重科学管理、重质量、重文明施工的责任意识，使本工程能够保质、按期、安全地顺利完成。

第九章　施工技术措施

第一节　采用新技术、新工艺

本工程拟采用建筑业推广的两项新技术，其可行性分析如下：

（1）使用竹胶合板。

使用竹胶合板技术，经我项目部在多个工程中的使用情况总结，效果良好，与钢模板、木

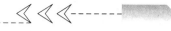

模板比较，其轻便快捷、整体良好，经济效益可观。本工程将予以采用。

（2）计算机现代化管理系统。

为提升我公司建筑施工现代管理水平，进一步推进项目部在施工管理过程中的计算机应用，使企业的整体竞争力和项目管理科学化得到较大的提高，我公司针对本工程的特点，配置由北京××软件开发公司研制的《项目管理动态控制系统》软件，目前已定期对管理人员进行培训。

若中标本工程，我公司将在本工程施工管理过程中应用"三大控制"、"两大管理"软件系统，解决施工计划管理、进度控制、透明延伸，以人为本的管理平台应用管理系统。

同时，施工现场将采取现代化管理方式：全面进行办公室计算管理、人事管理、材料管理、财务管理、预算管理、劳资管理、建筑资料管理、成本核算等各个方面，方便、准确、快捷使项目管理系统化、智能化、规范化。

（3）采用二项新工艺。

圈梁混凝土硬架支模法、钢筋电渣焊施工工艺。

第二节　建立严格的技术管理体系

我公司针对该工程的特点，特派施工管理能力强、技术专业性高、施工经验丰富、工作责任心强的人员组成现场技术管理体系，由乙方工程技术质量人员组成，主要解决施工过程中碰到的技术问题，严格控制工程施工质量。施工技术人员在单项工程施工前，按照施工方案，精心组织施工，以此来保证工程的顺利进行。

第三节　施工过程技术控制

（1）施工前，认真组织各专业技术人员熟悉、掌握图纸和进行专业技术图纸会审，进行设计交底、施工技术交底。在分部分项工程施工中，每进行一道工序，经检查验收不合格的，不准进入下道工序。先对操作人员进行技术交底，用简单明确的文字构成施工任务单，发给各操作人员参照施工。

（2）必须严格遵守技术复核制度，对建筑物的方位、标高、高度、轴线、图纸尺寸、误差等作复核记录，工程监理人员复查，无误后进行资料存档管理。

（3）认真做好每项技术复核和隐蔽工程验收工作，实行混凝土浇灌令签证制度，没有工程技术负责人、监理和有关工长、质检员签字，不得进入下一道工序。隐蔽工程施工时，质量检查专业技术负责人和质量检查员必须共同进行监督，确保工程顺利进行。

（4）严格贯彻实行计量管理各项规章制度。加强施工现场和计量管理工作，督促现场专职计量人员做好计量器具的使用和保管工作。对混凝土、砂浆、灰土等准确计量，以确保工程质量。

（5）专门负责设备安装技术工作的人员，要求在现场办公，处理问题不过夜，实行层层负责、层层交底制度，对施工工艺和特殊施工技术的要求和注意事项，给各班组交代清楚；对涉及修改、质量问题，必须征得建设单位和设计单位的同意，针对此问题制定出可靠的技术措施。

第四节　夏季施工管理措施

（1）明确责任，做好夏季施工技术交底，确保每道工序按规定、规范、技术措施组织施工，要认真做好夏季施工记录，整理好施工技术档案。

（2）入夏前，要对现场的技术员、工长、施工员、材料员、试验员以及主要工种的班组长、测温员、司炉工、电焊工、外加剂掺配和高空作业人员做技术培训，使他们掌握有关夏季施工方案、施工方法、质量标准，并掌握必需的技术工作和操作要点。

（3）在夏季施工过程中，对于原材料膨胀、混凝土养护和测温、试块制作的养护及保温、加热设施的管理等各项夏季施工措施，都要设置专人负责，及时做好记录，并由工程主要技术

负责人和质量检查人员抽查，随时掌握质量状况，发现问题及时纠正，切实保证工程质量。

（4）在夏季施工期间，必须指定专人掌握气温变化情况，及时传达气象信息，随时做好气象记录，并有针对气温骤然降的技术措施和物资准备。

主要工程技术措施如下：

砌筑材料应做到：

①浇砖必须在正常气温下进行，砌筑时应适当浇水湿润，湿润后暂时不用的砖块用草帘覆盖。

②砂石不许含有有机杂质，对含杂的材料，必须经筛选后方可使用。

③夏季砌筑砂浆的稠度，宜比常温施工时适当减少，可通过调节水灰比的办法来解决。砂浆在使用时，温度不应低于 5 ℃。

④伴和砂浆用水，温度在超过 80 ℃ 时，应注意水不得直接于水泥拌和，以防止发生假凝现象。

⑤夏季搅拌水泥砂浆的时间应适当延长，一般要比常温期间增长 0.5~1 倍。

施工要求如下：

①在保证砂浆的砌筑过程中，满足最低温度要求，调制砂浆应做到随用随拌，不应一次调制过多，堆放时间过长。

②日最低温度等于或者低于-15 ℃ 时，对砌筑承重砌体的砂浆标号，应按常温施工提高一级。

③砖砌体的水平和垂直灰缝的平均厚度不可大于 10 mm，个别灰缝的厚度不可小于 8 mm，施工时要经常检查灰缝的厚度和均匀性。下班前，将垂直灰缝填满，上面不铺灰浆，同时用草帘等保温材料将砌体上表面加以覆盖。次日上班时，应先将砖表面霜雪扫净，再继续砌筑。冬季施工，每日砌体高度及临时间断处高度差均不得大于 1.2 m。

（2）混凝土及钢筋混凝土工程。

①夏季配置的混凝土，应优先选用硅酸盐水泥，水泥标号不应于低于 32.5 R，水泥用量不宜少于 300 kg/m³，水灰比不应大于 0.6，低于-3 ℃ 时应采取防冻措施，即：原材料加热，根据气温确定混凝土入模温度和加热温度。冬季施工用混凝土，其搅拌时间比常温情况下增加 50%。

②钢筋混凝土工程：

a. 外加剂的选用：应选用符合国家标准，具有产品合格证、产品使用说明书的防冻剂（如防冻 2 号），掺入数量为水泥用量的 2%~3%。

b. 冬季混凝土保护：凡掺入防冻 2 号的混凝土，一般原则上不覆盖。当温度低于-10 ℃ 时，应对侧模的梁柱表面用塑料薄膜和草帘覆盖。

c. 混凝土工程使用中外掺剂时，应该注意：外掺剂的运输、堆放等要严格按照产品说明进行；使用外加剂时，必须设有专人负责，以保证配合比的准确，严禁误掺或者掺入数量不准等。

d. 钢筋冷拉可在负温下进行，温度不宜低于-10 ℃。冬季钢筋焊接，宜在室内进行，当必须在室外焊接时，其最低气温不低于-10 ℃，并且有防雪挡风措施。

e. 掺防冻剂混凝土的拆模

低温养护期内不宜拆除模板。拆模板后混凝土表面温度与环境温度大于 20 ℃ 时，应采取保温措施。

在拆模过程中，如果发现混凝土有受冻现象，影响结构安全的质量问题时，应立即暂停拆除，等妥善处理后，方可继续拆除工作。

对冬季施工有特殊要求的及不在上述范围内的问题，可直接与建设单位、设计部门、监理

部门联系，订出专项措施。其他未尽事宜，参见《冬季施工规范》和国家有关标准、文件。

第五节　雨季施工管理措施

为加强建设工程夏季施工技术管理，确保工程质量，提高经济效益，根据该工程冬季施工项目，特制定技术管理措施。

该工程地质条件较为复杂，为保证建筑物的正常使用，根据该工程的特点和工程要求，因地制宜，采取综合措施，做到技术先进、经济合理，特制定以下措施：

（1）严格执行国家有关标准、建筑施工规范。

（2）及时了解现场情况，以及地下墓、坑、管道等情况，采取针对措施和加快清理工作，确保基础工程按期施工。

（3）在进行基础工程的过程中，为了确保工程正常进行，采取有效措施防止雨水浸泡基础。现场布置的临建给水管道，埋地暗敷，所有给水管道、蓄水箱、排污水沟等远离建筑物。给水管道埋置前，先进行水压试验，当确定不漏水时方可使用。

（4）主要施工机械设置防雨篷，确保机器正常运转，雨天不影响正常施工。

（5）浇筑混凝土时，设置宽幅面防水塑料雨布，雨天边浇筑、边覆盖。逢雨季时，穿插室内作业，工期不受影响。

（6）为防止雨季施工期间，场地内必须排水畅通无阻，电气设备必须有防雨、防雷、避雷措施。机座要保持一定的高度，配电箱、电机、电焊机等要有防雨罩，应在雨季之前对各类施工机械设备普查一遍，做到安全可靠。

第十章　机械设备配备情况

本工程施工机械分为两类：一类为运输机械；另一类为加工机械。在本工程进入多种交叉作业时，垂直运输机械的调配和利用将成为影响工程进度的主要矛盾，项目经理部将根据工程进展及工程需要认真研究、充分利用、合理安排。

在整个施工过程中，动力组要加强机械的保养和检查。定期检查，及时解决问题，使现场施工机械在整个施工期保持良好的运输状态。垂直运输：主体工程、装饰工程由两台快速提升架完成。

加工机械：参见《主要分项工程施工方法》中的内容，其安全操作要求均按照有关机械设备操作规程进行施工。

第十章　安全施工措施

第一节　安全生产组织机构

安全生产是本工程施工过程中必须始终常抓的大事，为切实做到安全施工，我公司将贯彻项目经理是工程施工，是安全第一责任人的原则，并在项目经理部成立之后建立安全工作小组。

第二节　安全保证体系

为了保证工程安全工作的各项管理制度及安全管理措施层层落到实处，工地安全工作组织机构为了确保工程安全生产，按期交付使用，特建立安全保障体系。

附件：《安全保证体系》。

第三节　安全用电管理措施

（1）电源从建设单位配电室中引出，接入施工现场总配电箱中，在现场分设主干线、分路供电、分柜控制，在每个施工段里，均设有为小型施工机械供电的电源箱。施工现场总箱、开关箱、设备负荷线路末端处设置两级漏电保护器，并具有分级保护的功能，防止发生意外伤害事故。

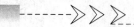

（2）现场电源电缆埋入地下50 cm，线路采用三相五线制，并进行保护接零，所有保护线末端均作重复接地。

（3）施工现场实行分级配电，动力配电箱与照明配电箱分别设置。分配电箱与开关箱距离不超过30 m，开关箱与所控设备水平距离不超过3 m。

（4）开关箱内设一机一闸，每台用电设备有自己的开关箱。

（5）施工现场的配电箱安装要端正、牢固，楼层的移动电箱要装在固定的支架上，固定配电箱距地面1.8 m，移动配电箱距地1.6 m。

（6）配电箱内的各种电器应按规定紧固在安装板上，箱外架空线及箱内线采用绝缘导线，绑扎成束，并固定在板上。

第四节　现场保卫治安安全措施

（1）现场设立由八人组成的治安保卫小组，由一人担任组长。夜间轮流巡逻，重点是仓库、工棚、现场机械设备、成品、半成品等。

（2）门卫值班室由三人轮流值班，白天对外来人员和进出车辆及所有进出物资进行登记并凭证件出入，夜间值班护场。

（3）加强对外来农民工的管理，检查入住现场的农民工身份证、暂住证，非本工程的施工人员不得住在施工现场，特殊情况需保卫科负责人批准。施工现场建立门卫和巡逻护场制度，护厂人员佩戴执勤标志。

（4）办公区、宿舍、食堂设专人管理，制定防范措施，防火、防爆、防毒、防盗，严禁赌博、打架斗殴。

第五节　施工现场消防安全措施

（1）现场建立防火责任制，在组织施工时落实安全用火要求，实施防火措施，明确责任，落实到人。

（2）在施工过程中实施安全消防交底制度，形成书面文字。

（3）在进行现场平面布置时，施工干道兼作消防通道，宽度不小于3.5 m，道路不准用于堆放材料。

（4）在本工程平面布置范围内的临时设施、仓库、材料堆场要有足够的灭火工具和设备；消防器材由专人管理，定期检查。易燃易爆品要设置库房保管。

（5）注意工程在不同施工阶段的防火要求，特别是后期装修阶段，对材料、电气焊要加强管理。

第六节　施工现场机械设备安全措施

（1）现场机械设备的安全必须符合有关验收标准。

（2）现场机械设备的使用操作必须符合有关操作规程。

（3）机械设备操作人员必须持上岗证。

（4）经常注意现场机械设备的检查、维修、养护，严禁机械带病作业、超期限作业。

（5）尤其注意本工程现场塔吊、施工井架的防雷、避雷装置有效、齐全。

（6）施工前，要对现场各类机械操作人员进行书面安全技术交底。对使用各种机械及小型电动工具的人员，先培训，后操作，有专人现场指导；对违章操作的人，立即要求停止并做严肃批评。

（7）每周由项目经理组织有关施工人员对现场机械安全措施的落实情况进行检查。

第七节 施工现场用电安全措施

（1）机械所配的电缆线、线号不低于电机规定，临时用电完毕后收线归库。

（2）各工种交叉施工时，楼层必须是专用电箱，不许蜘蛛网式用电。

（3）现场用电由专业电工负责架接，线路通过脚手架时，电线加绝缘套管，不许电线与任何金属物体直接接触，接好线路后方可使用。严格执行三相五线制架设线路，不得随意乱接电线，闸刀装箱加锁，夜间作业照明的线路不使用时必须断电，配电箱中设施漏电保护器。

第八节 建筑施工安全措施

（1）现场各级管理人员认真贯彻"预防为主，安全第一"的方针，严格遵守各项安全技术措施，对施工现场的人员进行安全教育，使他们树立安全第一的思想。

（2）各施工班组应做好班前、班后的安全教育检查工作，做安全文字交底，并实行安全值班制度，形成安全记录。施工现场设专职安全员。

（3）进入施工现场的施工人员注意使用"三宝"。不戴安全帽不准进入施工现场。

（4）对本工程的"四口"要焊接铁栅栏门或者用钢管架进行围护，并悬挂警示牌。

（5）楼梯踏步及休息平台要设置防护栏杆，立面悬挂安全网。

（6）本工程底层四周及建筑物出入口处搭设防护棚。

（7）外侧钢管架要有搭设方案，对施工人员做文字交底，并派专人管理维修。

（8）高处作业时严禁抛投物料。

（9）各分部、分项工程施工前，必须进行书面的安全技术交底，项目经理每周组织一次安全生产教育和安全生产检查评比活动。检查内容如下：

① 施工现场的动力、照明线路和配件装置；

② 所有机械设备的安全防护设施齐全、有效；

③ 井架的运行系统、脚手架、通道的安全防护；

④ 库房、办公室、生活区安全卫生、场容整洁。

（10）高温季节施工时应该注意：施工人员的生活卫生、环境卫生，做到防治中暑、中毒，防治疾病。冬季施工时，不许随便生火取暖。

第九节 架子工程安全措施

（1）外架采用的钢管、扣件等材料必须符合有关标准的要求，外架不容许超载作业，外架拆除前必须进行书面安全技术交底。

（2）外架底层和施工层，必须满足铺架板和安全网，外侧挂设密目安全网封闭。

（3）脚手架、井字架钢管底必须按规定垫上木板，要夯实，隔3m距离应斜撑，以加强强度。严禁攀登脚手架，以及坐垂直吊篮上下。经常检查脚手架避免出现倾斜等情况，如果发现上述情况必须立即纠正。

（4）所有高空作业人员，必须按规定佩带安全装备，严格按照安全交底作业；对违反安全作业的人员，及时给予批评纠正或做经济处罚。

（5）安全管理人员要做到：眼勤、腿勤、嘴勤，要经常深入现场善于发现隐患，对危险情况要积极采取有效的安全防护措施，确保人员安全。

（6）遇五级以上大风和雨雪天气时，应停止外架作业，架子搭建不得在夜间进行。架子工长及安全员对架子的搭设必须检查验收，并填写验收单。

（7）本工程施工现场狭小，为了确保现场内外来往人员的安全，决定采用封闭式施工。现场周围用砖砌围墙，建筑物主要通行道路上方设置安全防护道棚，工程在进入主体结构时，钢

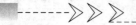

管架四周采用绿色防护网和安全网防护。在保证院内环境卫生的前提下，现场周围的主要通行道路派专人负责打扫卫生。

第十二章　文明施工措施

第一节　创建文明工地的目标

根据我公司制定的文明施工管理目标，将本工程建成"市级文明工地"。我们充分认识到文明工地的建设是体现施工企业管理水平的一个重要标志。因此，依照文明工地建设有关规定的文件精神，教育职工从自身做起，保持良好的精神面貌和文明施工行为，上下齐心协力，将本工程工地建成文明工地。

第二节　文明工地管理体系的建立

若我公司有幸中标，进入现场后，项目经理部将专门成立"创建文明工地领导小组"，设专人进行管理，由项目经理负责，并制定切实可行的文明工地管理措施，同时利用职权经济杠杆手段进行层层落实。这样，在本工程项目的施工现场就建立了比较健全的文明工地管理体系，并作为整个项目工程管理机关中的一部分，直接参加工地现场的管理工作，从而保证创建文明工地的各项制度和措施能够层层落到实处。

第三节　认真搞好场容场貌

（1）道路硬化：施工现场的施工干道均采用 C15 砼做硬化处理。

（2）道路排水：在施工道路两边做明排水沟，并用水泥盖板覆盖，做到雨天无积水。

（3）道路照明：在道路两侧每隔 30 m 设一路灯照明。

（4）门卫：在大门一侧设临舍两间，作为门卫和接待室，并设电话机一部和信报收集箱。门前设置报刊栏等，在大门比较显要的位置设立"七牌一图"，即：工程概况牌、施工人员简牌、安全纪律牌、安全生产技术牌、十项安全措施牌、防火须知牌、卫生须知牌、施工现场平面布置图。

（5）大门内外卫生：在施工道路两旁每隔 30 m 设一垃圾桶，并设专人对场内外道路进行一日两次的清洁。

第四节　进场材料堆放规范化

（1）钢材、管件堆放：现场施工用钢材、管件，根据平面图和现场情况分量、分规格、分时间进场，合理有效地利用进场的有限空间位置，对进场的材料分类堆放整齐，并挂上标签牌，做到"一头齐、一个面、一条线"。

（2）分散材料：对机砖及其他散状材料，根据现场实际情况及平面布置图码放成垛、成行，高度不超过 1.50 m；对空心砖，要成垛成行堆放，高度不超过 1.80 m。所用砂、石、石灰要存放成堆，不得混杂。

（3）水泥存放：水泥分期分批存放在水泥库中，水泥库应做到防水、防潮、分品种标号堆码整齐，离墙不小于 10 cm，垛底要架空，垫高要保持通风，抄底使用，专人管理。

第五节　生产区文明施工管理

本工程生产区的文明管理将由"创建文明工地领导小组"总负责人进行直接管理，狠抓落实。从职工到管理人员，从周转材料的拆除堆放到组合安装，从各分项工程的施工准备到施工完毕，要切实始终地贯彻落实文明施工的总要求。同时，要通过各种活动经常对职工开展教育工作，增强工人的敬业精神和职工道德，全面提高工人的精神素质，使全体工人树立起文明施工的思想观念。

（1）按照本方案建立的文明施工管理体系，制定文明施工责任制，划分区域，明确管理负责人，实行挂牌制，落实到个人，做到现场清洁、整齐。

（2）施工生产区域临时用电、用水将设置专人管理，不得长流水、长明灯。

（3）工人操作地点和周围必须清洁整齐，做到"活完脚下清，工完场地清"，丢洒在楼梯、楼板上的水泥砂浆、混凝土要及时清理，落地灰要回收过筛使用。

（4）砂浆、混凝土在运输过程中，做到不洒、不漏，反之要及时清理。

（5）随着楼层的增高，要及时采取围护遮挡措施，使外观整洁，并及时悬挂具有鼓舞性、感召力的巨幅标语。

（6）对于现场的机械设备，统一用黄色油漆涂刷，配电箱用淡绿色油漆涂刷，并经常保持机械设备的机身及周围环境的清洁。机械的标记、编号明显，安全装置可靠。

（7）施工区内的零散碎料、垃圾渣，要及时清理至工地临时的垃圾站。每周将收集的垃圾向批准的垃圾场倾倒一次，运输车辆不能抛洒出场。

（8）施工场地要干干净净，没有乱七八糟的各种杂物，且每隔一层楼，专门设一间吸烟室、小便室，二室门上均有挂门帘。

（9）工地施工现场危险区域要悬挂明显标牌、警示牌。

第六节　生活区文明工地管理

（1）施工现场的临时设施包括：生活区内厕所、食堂、宿舍、办公室、娱乐室、卫生室等，必须严格按照施工组织设计确定的施工平面布置，搭建整齐。

（2）生活区的临时用水、用电设专人管理。

（3）在生活区、办公区，将根据实际情况设置相当数量的宣传标语、黑板报，并及时更换内容，切实起到鼓舞人心、表扬先进的作用。

（4）我们要经常保持办公室、食堂、宿舍、仓库及其周围地区的清洁，建立卫生区域，每日两次设专人打扫卫生。

（5）工地食堂的墙裙、灶台、买饭台统一用白瓷片镶贴，地面铺设防滑地砖，在使用过程中要做到整洁卫生，使生、熟食物隔离，案板分开，并且采取防苍蝇、防尘措施。

（6）在生活区内设水冲式临时厕所，用白瓷片镶贴，设专人打扫，保持其清洁，设一个加盖子的简单化粪池。门窗齐全，投药撒白灰。

第七节　其他方面文明工地管理

在管理过程中，我们将实行严格的门卫制度和群体形象制度，所有现场管理人员及工人必须佩戴胸卡，统一穿戴劳动服，工人一律戴黄色安全帽，管理人员戴红色安全帽，并配有公司的标志帽徽。清洁工人与食堂炊事人员一律穿白色卫生服。如果我公司有幸中标，我们将根据本项目的特点及现场的实际情况，建立、健全其他各项制度、岗位责任制，并每周检查一次具体的实施情况，实现本项目创建文明工地管理的目标。

第十三章　竣工交付使用后的回访工作

我公司按照图纸设计要求及现行的有关施工规范要求精心组织施工，使本工程如期竣工，并达到优良工程标准。交付使用后，我公司将按照住建部《建筑工程保修法》的要求，定期回访，认真及时处理保修问题，保障工程使用阶段的质量，实现我公司对该工程质量终身负责的承诺。

（1）工程竣工后，我公司组织专业保修队，并由项目经理担任组长，专门为用户服务，随叫随到，及时处理发现的问题。保修队在规定义务维修期满后再延长一年。

（2）保修队撤离后，每半年进行一次回访，并由副经理负责。竣工后，继续对本工程进行

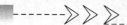

沉降观测,其沉降稳定后,仍然坚持每两年进行观测一次,并做好记录。

第十四章　附图表

主要技术、管理人员配置表:

序号	名称	姓名	职称	岗位证书	职责范围
1	项目经理		工程师	三级资质	全面负责
2	项目工程师		工程师	中级证书	负责协调管理
3	质检部		质检员	中级证书	负责质量管理
4			技术员	岗位证书	负责记住管理
5			施工员	岗位证书	负责施工管理
6			施工员	岗位证书	负责施工管理
7	财务部		会计员	中级证书	负责成本预算
8	经营部		预算员	中级证书	负责预决算
9	治保部		安全员	岗位证书	负责安全保卫
10	物资供应部		采购员	中级证书	负责材料供应

施工工艺流程表:

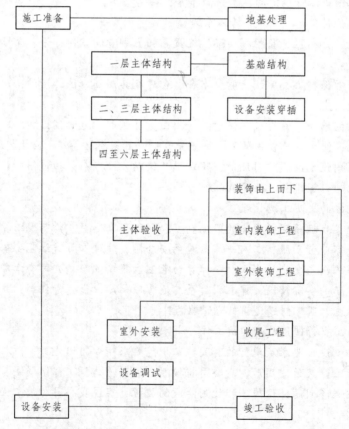

设备安装工程施工组织管理机构:

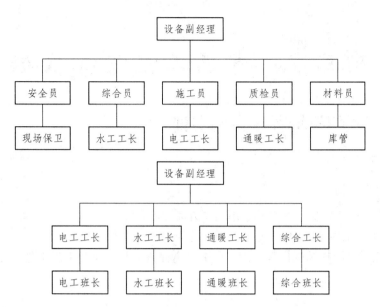

项目7 建筑工程招标投标

7.1 建筑工程招投标程序案例实训

【实训目标】

1. 能力目标

（1）具备初步分析招标投标案例适用程序方面的能力。

（2）具有简单阅读有关招标投标方面的文件和信息的能力。

（3）能应用《中国招标投标法》以下简称《招标法》及其他有关法律解决建筑招投标相关问题的能力。

2. 知识目标

（1）建筑工程招标投标的基本概念；

（2）建筑工程施工招标投标程序；

（3）工程承发包制度及《招标投标法》。

【实训项目】

【案例7.1】建筑施工企业无效投标的案例

【背景】某年5月，某制衣公司准备投资600万元新建办公兼生产大楼。该公司按规定进行了公开招标，并授权有关技术、经济等方面的专家组成了评标委员会，委托其直接确定中标人。招标公告发出后，共有6家建筑单位参与投标。其中一家建筑工程总公司报价为480万元（包工包料），在公开开标、评标和确定中标人的程序中，其他5家建筑单位对该建筑工程总公司报送的480万元的标价提出异议，一致认为该报价远远低于成本价，属于以亏本的报价排挤其他竞争对手的不正当竞争行为。评标委员会经过认真评审，确认该建筑工程总公司的投标价格低于成本，违反了《招标投标法》的有关规定，否决其投标，另外确定中标人。

【讨论】

1. 该建筑工程总公司低于成本价投标是否可取？说明理由。

2. 请区别无效投标、投标无效和废标的概念。

本案中，根据《招标投标法》第33条规定"投标人不得以低于成本的方式投标竞争。"低于成本，是指低于投标人为完成投标项目所需支出的"个别成本"，由于每个投标人的管理水平、技术能力与条件不同，即使完成同样的招标项目，其个别成本也不可能完全相同。管理水平高、技术先进的投标人，生产、经营成本低，有条件以较低报价参加投标竞争，这是其竞争实力强的表现。

招标的目的，正是通过投标人之间竞争，特别在投标报价方面的竞争，择优选择中标者。因此，只要投标人的报价不低于自身的个别成本，即使是低于行业平均成本，也是完全可以的。

《招标投标法》第41条规定："中标人的投标应当符合下列条件之一：

（一）能够最大限度地满足招标文件中规定的各项综合评价标准；

（二）能够满足招标文件的实质性要求，并且经评审的投标价格最低，但是投标价格低于成本的除外。据此，《招标投标法》禁止投标人以低于其自身完成投标项目所需成本的报价进行投

标竞争。"

【案例 7.2】工程施工招标组织现场踏勘程序

【背景】某项目规定于某日上午 9：30 在某地点集合后，招标人组织进行现场踏勘，采用了以下组织程序：

1. 潜在投标人在规定的地点集合。当日上午 9：30，招标人逐一点名潜在投标人是否派人到达集合地点，结果发现有两个潜在投标人还没有到达集合地点。与这两个潜在投标人电话联系后确认他们在 10 分钟后可以到达集合地点，于是征求已经到场的潜在投标人同意，将出发时间延长 15 分钟。

2. 组织潜在投标人前往项目现场。

3. 组织现场踏勘，招标人按照准备好的介绍内容，带着潜在投标人边走边介绍。有一个潜在投标人在踏勘中发现有两个污水井，询问该污水井及相应管道是否需要保护。招标人明确告诉该投标人需要保护，因其为市政污水干线管路。

其他潜在投标人就各自的疑问也分别进行了询问，招标人逐一进行了澄清或说明。随后结束了现场踏勘。

4. 招标人针对潜在投标人提出的问题进行了书面澄清，在投标截止时间 15 日前发给了所有招标文件的收受人。

5. 现场踏勘结束后 3 日，有两个潜在投标人提出上次现场踏勘有些内容没看仔细，希望允许其再次进入项目现场踏勘，同时也希望招标人就其关心的一些问题进行介绍。招标人对此表示同意，在规定的时间，这两个潜在投标人在招标人的组织下再次进行了现场踏勘。

【讨论】

1. 招标人对现场踏勘的组织程序是否存在问题？说明理由。

2. 招标人组织现场踏勘的过程中存在哪些不足？说明理由。

3. 你认为该案例中招标人哪些组织程序做的比较符合要求。

本案中，招标人在组织过程中，第 1、4 两步存在问题。第 1 步中，招标人逐一点名确认潜在投标人是否派人到场参与现场踏勘活动的做法，违反了《招标投标法》第 22 条中"招标人不得向他人透露已获取招标文件的潜在投标人的名称、数量等需要保密的信息"的规定。第 4 步中，招标人组织投标人中的两个潜在投标人再次进行现场踏勘的做法，违反了《工程建设项目施工招标投标办法》第 32 条中"招标人不得单独或者分别组织任何一个投标人进行现场踏勘"的规定。

本案中，招标人现场踏勘的组织过程存在不足。如第 3 步中，招标人的准备不充分，没有安排好一个统一的路线，没有将本次招标涉及的现场条件进行一个完整的介绍，比如案例中潜在投标人询问的污水井、污水管道问题等，应属于该类问题。同时为了保证参与现场踏勘活动的潜在投标人了解招标人介绍的信息，招标人的介绍应针对参加现场踏勘的所有潜在投标人进行介绍，以保证招标投标活动的公平性原则。

【案例 7.3】工程施工招标投标活动应公平、公开、公正进行

【背景】2005 年年初，某房地产开发公司欲开发新区第三批商品房，同年 4 月，于某市电视台发出公告，房地产开发公司作为招标人就该工程向社会公开招标，择其最优者签约承建该项目。此公告一发，在当地引起不小反响，先后有 20 余家建筑单位参与投标。

原告 A 建筑公司和 B 建筑公司均在投标人之列。A 建筑公司基于市场竞争激烈等因素，经充分核算，在投标书中作出全部工程造价不超过 500 万元的承诺，并自认为依此数额，该工程利润已不明显。房地产开发公司组织开标后，B 建筑公司投标数额为 450 万元。两家的投标均

高于标底440万元。最后B建筑公司因价格更低而中标，并签订了总价包死的施工合同。

该工程竣工后，房地产开发公司与B建筑公司实际结算的款额为510万元。A建筑公司得知此事后，认为房地产开发公司未依照既定标价履约，实际上侵害了自己的权益，遂向法院起诉要求房地产开发公司赔偿在投标过程中的支出等损失。

【讨论】

1. 你认为房地产开发公司（招标人）与B建筑公司（投标人）经过招标投标程序而确定的合同总价能否再行变更？

2. A建筑公司的诉求可否得到支持？说明理由。

首先应分析是存在有招标人和中标人故意串通损害其他投标人利益的行为，若有，则应对其他投标人作出赔偿。

本案争议的焦点实质就是"经过招标投标程序而确定的合同总价能否再行变更"的问题。根据《合同法》第271条"建设工程的招标投标活动，应当依照有关法律的规定公开、公平、公正进行"的原则。本案中无招、投标人串通的证据，就只能认定调整合同总价是当事人签约后的意思变更（包括设计变更、现场条件引起措施的变更等），是一种合同变更行为。

依法律规定，通过招标投标方式签订的建筑工程合同属于固定总价合同，其特征在于：通过竞争决定的总价不因工程量、设备及原材料价格等因素的变化而改变，当事人投标标价应将一切因素涵盖，是一种高风险的承诺。当事人自行变更总价就从实质上剥夺了其他投标人公平竞价的权利并势必纵容招标人与投标人之间的串通行为，因而这种行为是违反公开、公平、公正原则的行为，对其他投标人的权益构成侵害，所以A建筑公司的主张可予支持。

【案例7.4】放弃中标资格，是否另有隐情

【背景】某县于8月18日完成了一项概算为400万元的建设工程评标活动，招标代理机构及时向招标人提交了中标候选人的推荐名单顺序表，其中标顺序依次为：第一中标人为A公司，投标价378万元；第二中标人为B公司，投标价为397万元；第三中标人为C公司，投标价为404万元，等等。同时还推荐由A公司中标。对此，招标人于8月20日根据评标报告及其中标推荐表确定了中标单位为A公司，并于8月22日向A公司发出了中标通知书，同时要求其在一个月内前来签订施工合同，另外还一并向其他几个没有中标的投标人通报了招标结果。可谁知，在8月28日，A公司却主动向招标人提出报告，申称其因投标"不慎"，无利可图，如继续履行该投标事项，将会导致更大的经济损失，因而情愿被没收3万元投标保证金而放弃其中标资格。对此，招标人只得根据招标文件及有关法律规定，在没收了A公司3万元投标保证金的同时，确认了B公司以397万元的成交价中标。

【讨论】

1. 你认为A公司通过法定招标投标程序而取得合法的中标资格，后又宁愿遭受赔偿也要主动放弃中标，是否可能会有隐情？试猜想A公司和B公司之间可能会有什么秘密。此种做法应有什么后果？

2. 在实际工作中，若A公司已有多个施工合同正在履行，考虑到签订该合同的条款又过于严格，是否可以放弃中标？保证金可否收回？

【要点分析】

对任何一个投标人来说，其投标报价总是经过深思熟虑，结合多种因素，经综合决策后才作出的，一般来说，投标人是不会轻易放弃其中标机会的；而如果投标人一反常态"否定"其报价，特别是放弃其中标资格，那就可能会存在着一些不可告人的"秘密"，必须要予以提防，

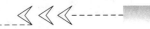

并注意识破各种"放弃中标资格"现象背后所隐含的各种不法行为。

第一和第二中标人见利忘法，相互通谋作弊，共同坑害招标人，是发生放弃中标资格现象的一大重要因素。在实际工作中，如果在评标结果出来后，当第一中标人的成交价与第二中标人的报价相差较大时，往往就会导致这两个投标人相互串通作弊，共同谋取不法之财。

少数投标人在中标后不久，发现自己在合同履行方面存在冲突和交叉的现象，无法调剂或组织到足够的生产和技术能力去履行该合同，因而也只得放弃其中标资格。在实际工作中，投标人一般都是一边在履行着一个或几个合同的同时，一边又积极寻找下一个业务合同，以保持其生产设备和技术能力不至于出现"闲置浪费"的情况，这就容易产生一些弊端。例如，几笔中标业务的履行期间发生了冲突或交叉，虽然有时是以理想的价格中了新标，但在该合同的履行期间，却又难以抽出正在施工中的设备和技术能力，如果贸然签下了合同，在将来无法履行好合同的时候，就会受到很大的经济损失，因而他们也只好选择放弃中标资格。

【案例7.5】某建设工程招标投标过程解析

【背景】某建设工程项目，建设单位通过招标选择了一具有相应资质的造价事务所承担施工招标代理和施工阶段造价控制工作，并在中标通知书发出后第45天，与该事务所签订了委托合同。之后双方又另行签订了一份酬金比中标价降低10%的协议。

在工程项目施工公开招标中，有A、B、C、D、E、F、G、H等施工单位报名投标，经事务所资格预审均符合要求，但建设单位以A施工单位是外地企业为由不同意其参加投标，而事务所坚持认为A施工单位有资格参加投标。

评标委员会由5人组成，其中当地建设行政管理部门的招投标管理办公室主任1人、建设单位代表1人、政府提供的专家库中抽取的技术经济专家3人。

评标时发现，B施工单位投标报价明显低于其他投标单位报价且未能合理说明理由；D施工单位投标报价大写金额小于小写金额；F施工单位投标文件提供的检验标准和方法不符合招标文件的要求；H施工单位投标文件中某分项工程的报价有个别漏项；其他施工单位的投标文件均符合招标文件的要求。

建设单位最终确定G施工单位中标，并按照《建设工程施工合同（示范文本）》与该施工单位签订了施工合同。

【讨论】

1. 指出建设单位在造价事务所招标和委托合同签订过程中的不妥之处，并说明理由。

2. 在施工招标资格预审中，造价事务所认为A施工单位有资格参加投标是否正确？说明理由。

3. 指出施工招标评标委员会组成的不妥之处，说明理由，并写出正确作法。

4. 判别B、D、F、H四家施工单位的投标是否为有效投标？说明理由。

【特别提示】

在中标通知书发出后第45天签订委托合同不妥，依照《招标投标法》的要求，应于30天内签订合同。

在签订委托合同后双方又另行签订了一份酬金比中标价降低10%的协议不妥。依照《招标投标法》的规定"招标人和中标人不得再行订立背离合同实质性内容的其他协议"。

造价事务所认为A施工单位有资格参加投标是正确的。以所处地区作为确定投标资格的依据是一种歧视性的依据，这是招标投标法明确禁止的。

评标委员会组成不妥，不应包括当地建设行政管理部门的招投标管理办公室主任。正确组成应为：评标委员会由招标人或其委托的招标代理机构熟悉相关业务的代表以及有关技术、经

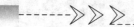

济等方面的专家组成，成员人数为五人以上单数，其中技术、经济等方面的专家不得少于成员总数的三分之二。

B、F 两家施工单位的投标不是有效投标；D 单位的情况可以认定为低于成本投标；F 单位的情况可以认定为是明显不符合技术规格和技术标准的要求，属重大偏差；D、H 两家单位的投标是有效投标，他们的情况不属于重大偏差。

7.2 资格预审文件的编制实训

【实训目标】

 1. 能力目标

（1）具备对资格预审文件进行独立编制的能力。

（2）具有阅读有关招标投标方面资格预审文件和信息的能力。

（3）能结合招标文件对投标人进行资格预审的能力。

 2. 知识目标

（1）资格审查的意义；

（2）资格审查的方式；

（3）资格预审的程序、内容和编写。

【实训成果】

资格预审文件

 按《标准施工招标资格预审文件（2007 年版）》编制。

【实训内容】

 1. 制作资格预审文件封面

_____（项目名称）_____标段施工招标

资格预审文件

招标人：_____（盖单位章）
____年____月____日

资格预审文件封面示例

2. 编写资格预审文件目录

资格预审文件的组成通常包括五部分：

（1）资格预审公告（邀请书）；

（2）资格预审申请人须知；

（3）资格审查办法；

（4）资格预审申请文件格式；

（5）项目建设概况（工程概况和合同段简介）。

资格预审文件编写目录示例

3. 编写资格预审文件正文

（1）资格预审公告。

招标人按照《标准资格预审文件》第一章"资格预审公告"的格式（示例如下）发布资格预审公告后，应将实际发布的资格预审公告编入出售的资格预审文件中，作为资格预审邀请。资格预审公告应同时注明发布所在的所有媒介名称。

第一章　资格预审公告

_____（项目名称）_____标段施工招标
资格预审公告（代招标公告）

1. 招标条件

本招标项目_____（项目名称）已由（项目审批、核准或备案机关名称）以_____（批文名称及编号）批准建设，项目业主为_____，建设资金来自_____（资金来源），项目出资比例为_____，招标人为_____。项目已具备招标条件，现已进行公开招标，特邀请有兴趣的潜在投标人（以下简称申请人）提出资格预审申请。

2. 项目概况与招标范围

_____（说明本次招标项目的建设地点、规模、计划工期、招标范围、标段划分等）。

3. 申请人资格要求

3.1 本次资格预审要求申请人具备_____资质，_____业绩，并在人员、设备、资金等方面具备相应的施工能力。

3.2 本次资格预审_____（接受或不接受）联合体资格预审申请。联合体申请资格预审的，应满足下列要求：_____。

3.3 各申请人可就上述标段中的_____（具体数量）个标段提出资格预审申请。

4. 资格预审方法

本次资格预审采用_____（合格制/有限数量）个标段出资格预审申请。

5. 资格预审文件的获取

5.1 请申请人于____年____月____日至____年____月____日（法定公休日、法定节假日除外），每日上午____时至____年____月____日时，下午____时至____时（北京时间，下同），在_____（详细地址）持单位介绍信购买资格预审文件。

5.2 资格预审文件每套售价____元，售后不退。

5.3 邮购资格预审文件的，需另加手续费（含邮费）____元。招标人在收到单位介绍信和邮购款（含邮费费）后____日内寄送。

6. 资格预审申请文件的递交

6.1 递交资格预审申请文件截止时间（申请截止时间，下同）为____年____月____日____时____分，地点为____。

6.2 逾期送达或者未送达指定地点的资格预审申请文件，招标人不予受理。

7. 发布公告的媒介

本次资格预审公告同时在_____（发布公告媒介名称）上发布。

8. 联系方式

招标人：_____　　招标代理机构：_____

地址：_____　　　　地址：_____

（2）申请人须知

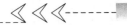

申请人须知前应附上《申请人须知前附表》。

（3）资格审查办法（合格制）

《标准资格预审文件》"资格审查办法"分别规定了"合格制"和"有限数量制"两种资格审查方法，供招标人根据招标项目具体特点和实际需要选择使用。如无特殊情况，鼓励招标人采用合格制。

（4）资格预审申请文件格式

1）封面要求

2）目录编写

3）资格预审申请函

4）法定代表人身份证明书

5）授权委托书

6）联合体协议书

7）申请人基本情况表

8）申请人财务状况表

9）近年完成类似项目情况表

10）正在施工的和新承接的项目情况表

（5）项目建设概况

一、项目说明

……

二、建设条件

……

三、建设要求

……

项目建设概况编写示例

【实训小结】

资格预审是指对于大型或复杂的土建工程或成套设备，在正式组织招标以前，对供应商的资格和能力进行的预先审查。资格预审是招投标程序的一个重要环节，是招标工作的起始，它既是贯彻建设工程必须由相应资质队伍承包的政策的体现，也是保护业主和广大消费者利益的举措，是避免未达到相应技术与施工能力的队伍乱接工程和防止导致出现豆腐渣工程质量事故的有效途径。

7.3　招标文件的编制实训

【实训目标】

1. 能力目标

（1）具备对招标文件进行独立编制的能力。

（2）具有阅读有关招标文件和信息的能力。

2. 知识目标

（1）招标文件的组成。

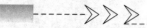

（2）招标文件编制步骤。

【实训成果】

（某工程）招标文件【按《房屋建筑和市政基础设施工程施工招标文件范本》】

【实训内容】

1. 招标文件

招标文件是作为建筑产品需求者的建设单位（招标人）向潜在的生产供给者（承包商）详细阐明其购买意图的一系列文件，也是投标人对招标人的意图作出响应、编制投标书的客观依据。

招标文件由招标人或其委托的招标代理机构编制。

按住建部制订的《房屋建筑和市政基础设施工程施工招标文件范本》规定公开招标的招标文件应包括下列内容：

第一章投标须知及投标须知前附表；

第二章合同条款；

第三章合同文件格式；

第四章工程建设标准；

第五章图纸；

第六章工程量清单（如有时）；

第七章投标文件投标函部分格式；

第八章投标商务部分格式；

第九章投标文件技术部分格式；

第十章资格审查申请格式。

制作招标文件封面

封面格式包括下列内容：项目名称、标段名称（如有）、标识出"招标文件"这四个字、招标人名称和单位印章、时间。

2. 投标须知

由投标须知前附表和正文两部分组成。

（1）投标须知前附表是以表格形式表现的投标须知内容的简要概览，用以帮助投标人对招标人要求他在投标过程中必须履行的手续和应遵守的规则一目了然，同时，也是了解投标须知详细内容的索引。

（2）投标须知正文。

3. 合同文件

工程施工合同使用建设部于 1999 年 12 月印发的《建设工程施工合同（示范文本）》（GF-1999-0201），即 1991 年 3 月印发的《建设工程施工合同》（GF-91-0201）的修订版本。由协议书、通用条款、专用条款三部分和承包人承揽工程项目一览表、发包人供应材料设备一览表及房屋建筑工程质量保修书 3 个附件组成。

专用条款是根据每一工程的具体情况，将通用条款予以具体化，使用时，针对工程实际，一个工程一议，一个条款一议，一个事项一议，按通用条款的顺序一一列明。履行合同，实际就是履行专用条款的规定。

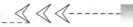

4. **图纸、工程量清单**

（1）全套施工图纸一套（略）。

（2）工程量清单一份（略）。

5. **投标文件商务标部分格式**

6. **投标文件技术标部分格式**

【实训小结】

招标文件是供应商准备投标文件和参加投标的依据，同时也是评标的重要依据，因为评标是按照招标文件规定的评标标准和方法进行的。此外，招标文件是签订合同所遵循的依据，招标文件的大部分内容要列入合同之中。因此，准备招标文件是非常关键的环节，它直接影响到采购的质量和进度。

7.4 投标文件的编制实训

【实训目标】

1. **能力目标**

（1）具备对投标文件进行独立编制的能力。

（2）具有阅读有关投标文件和信息的能力。

2. **知识目标**

（1）投标文件的组成；

（2）投标文件编制步骤。

【实训内容】

投标文件亦称"标书"，即按投标须知要求，投标单位必须按规定格式提交给招标单位的全部文件。国内工程投标文件由投标函、商务部分和技术部分组成。若采用资格后审的，还应包括资格审查文件。

1. **投标函**

投标函的主要内容有：① 法定代表人的身份证明；② 投标文件签署授权委托书；③ 投标函正文；④ 投标函附录；⑤ 投标担保银行保函或投标担保书；⑥ 招标文件要求投标人提交的其他投标资料。

2. **商务部分**

商务部分包括的主要内容，采用综合单价形式的为：① 投标报价说明；② 投标报价汇总表；③ 主要材料清单报价表；④ 设备清单报价表；⑤ 工程量清单报价表；⑥ 措施项目报价表；⑦ 其他项目报价表；⑧ 工程量清单项目价格计算表；⑨ 投标报价需要的其他资料（需要时由招标人用文字或表格提出，或投标人在投标报价时提出）。

3. **技术部分**

投标文件技术部分主要包括：① 施工组织设计；② 项目管理机构配备情况；③ 拟分包项目情况表。

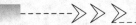

投标人应编制施工组织设计，包括投标须知规定的施工组织设计基本内容。编制的具体要求是：编制时应采用文字并结合图表形式说明各分部分项工程的施工方法；拟投入的主要施工机械设备情况、劳动力计划等；结合招标工程特点提出切实可行的工程质量、安全生产、文明施工、工程进度、技术组织措施，同时应对关键工序、复杂环节重点提出相应技术措施，如冬雨季施工技术措施、减少扰民噪声、降低环境污染技术措施、底下管线及其他地上地下设施的保护加固措施等。

施工组织设计除采用文字表述外还应附下列图表：

（1）拟投入的主要施工机械设备表；

（2）劳动力计划表；

（3）计划开、竣工日期和施工进度网络图；

（4）施工总平面图；

（5）施工用地表。

具体格式请参照《建筑施工组织设计规范》（GB/T50502—2009）及本书后续实训内容编写。

【实训小结】

投标文件是建筑公司在通过工程项目的资格预审以后，对自己在本项目中准备投入的人力、物力、财力等方面的情况进行描述，还有对本项目的施工、工程量清单、工程造价、工程的保证条例进行说明的文件，然后发包方会通过建筑工程的招标文件对项目承包对象进行选择。

投标件指具备承担招标项目能力的投标人，按照招标文件的要求编制的文件。在投标文件中应当对招标文件提出的实质性要求和条件作出响应，这里所指的实质性要求和条件，一般是指招标文件中有关招标项目的价格、招标项目的计划、招标项目的技术规范方面的要求和条件，以及合同的主要条款（包括一般条款和特殊条款）。投标文件需要在这些方面作出回答，或称响应，响应的方式是投标人按照招标文件进行填报，不得遗漏或回避招标文件中的问题。之所以这样，因为是交易的双方，只应就交易的内容也就是围绕招标项目来编制招标文件、投标文件。

招标投标法还对投标文件的送达、签收、保存的程序作出规定，有明确的规则。对于投标文件的补充、修改、撤回，也有具体规定，明确了投标人的权利义务，这些都是适应公平竞争需要而确立的共同规则。从对这些事项的有关规定来看，招标投标需要规范化，应当在规范中体现保护竞争的宗旨。

项目8　建筑工程施工质量控制

8.1　建筑工程材料质量控制

【实训目标】

1. 能力目标

（1）具有建筑工程施工质量检查与检验的能力；

（2）具有建筑工程施工质量验收的能力。

2. 知识目标

（1）建筑材料复试内容及要求；

（2）材料试验检验。

【实训项目】

【案例 8.1】

【背景】

高新技术企业新建厂区里某 8 层框架结构办公楼工程，采用公开招标的方式选定 A 公司作为施工总承包单位。施工合同中双方约定钢筋、水泥等主材由业主供应，其他结构材料及装饰装修材料均由总承包方负责采购。

事件一：钢筋第一批进场 19 t，第二批进场 15 t，总承包方以进场量少为由，未对第二批钢筋做复试，监理单位提出了意见。

事件二：袋装水泥第一批进场了 300 袋，水泥为同一生产厂家、同一等级、同一品种、同一批号。业主指令总承包方进行进场复试，总承包单位对水泥的抗折强度、抗压强度进行了一组复试。复试合格后，总承包方直接安排投入使用。使用过程中，水泥出现了质量问题。建设单位认为是总承包单位做的复试，质量责任应由总承包单位负责。监理单位下达了停工令。

事件三：业主经与设计单位商定，对主要装饰石料指定了材质、颜色和样品，并向总承包单位推荐厂家，总承包方与生产厂家签订了购货合同。进场时经检查，该批材料颜色有部分不符合要求，总承包方要求厂家将不符合要求的石料退换，厂家要求总承包方支付退货费用，总承包方不同意支付，业主在应付给总承包方工程款中扣除了上述费用。

【问题】

1. 针对事件一，钢材的复试内容及要求有哪些？

2. 建筑材料检验的规定有哪些？

3. 指出事件二中不妥之处，并分别说明正确的做法。

4. 事件三中，业主的做法是否妥当？并说明理由。

【分析】

1. 复试内容：屈服强度、抗拉强度、伸长率、冷弯。

复试要求：有抗震设防要求的框架结构的纵向受力钢筋抗拉强度实测值与屈服强度实测值

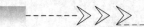

之比不应小于 1.25，钢筋屈服强度实测值与强度标准值之比不应大于 1.3。

2. 材料进场时，应提供材质证明，并根据供料计划和有关标准进行现场质量验证和记录。质量验证包括材料品种、型号、规格、数量、外观检查和见证取样，进行物理、化学性能试验。验证结果报监理工程师审批。

现场验证不合格的材料不得使用或按有关标准规定降级使用。

对于项目采购的物资，业主的验证不能代替项目对采购物资的质量责任，而业主采购的物资，项目的验证不能取代业主对其采购物资的质量责任。

物资进场验证不齐或对其质量有怀疑时，要单独堆放该部分物资，待资料齐全和复验合格后，方可使用。

严禁以劣充好，偷工减料。

3. 不妥之处：

（1）总承包单位对水泥的抗折强度、抗压强度进行了一批复试。

（2）进行了一组复试。

（3）建设单位认为是总承包单位作的复试，质量责任应由总承包单位负责。

正确做法：

（1）总承包单位应对水泥的抗折强度、抗压强度、安定性、凝结时间进行复试。

（2）应进行两组复试。

（3）项目的验证不能取代业主对其采购物资的质量责任。

4. 不妥当。

理由：厂家责任。

【案例 8.2】

【背景】

东北某市新建一建筑面积为 39 600 m² 的文化体育中心工程，地上 6 层，地下 2 层，局部埋深 9 m。工程选址位于某山坡，一半基础须回填，混凝土灌注桩局部桩承台加整体筏板基础，地上钢筋混凝土框架结构。某施工总承包单位中标并成立了项目部组织施工。施工过程中发生了如下事件：

事件一：基坑开挖后，项目经理组织了验槽，验收组只查看了基坑土质表层，认为土质良好，验收通过。质监站提出了意见。

事件二：项目部编制了《质量计划》。其中规定：模板分项工程施工过程重点检查；施工方案是否可行及落实情况，模板的强度、刚度、稳定性等是否符合设计和规范要求，严格控制拆模时混凝土的强度和拆模顺序；钢筋分项工程施工过程重点检查：原材料进场合格证和复试报告、加工质量等；检查混凝土主要组成材料的合格证及复验报告、配合比、坍落度、冬季施浇筑时入模温度等是否符合设计和规范要求。监理工程师要求重新编制。

事件三：装饰装修工程完成后，总监理工程师组织了分部工程验收，项目部提供了工程的隐蔽工程验收记录、施工记录等质量控制资料。总监理工程师要求补充。

【问题】

1. 事件一中，验槽应检查哪些内容？重点观察哪些部位？

2. 事件二中，模板分项工程施工过程重点检查的内容还有哪些？

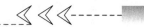

3. 事件二中，钢筋分项工程施工过程重点检查的内容还有哪些？

4. 事件三中，质量控制资料检查的内容还有哪些？

【分析】

1. 检查内容：（1）核对基坑（槽）的位置、平面尺寸、坑底标高是否符合设计的要求，并检查边坡稳定状况，确保边坡安全。

（2）核对基坑土质和地下水情况是否满足地质勘察报告和设计要求；有无破坏原状土结构或发生较大的土质扰动现象。

（3）用钎探法或轻型动力触探法等检查基坑（槽）是否存在软弱土下卧层及空穴、古墓、古井、防空掩体、地下埋设物等以及相应的位置、深度、性状。

重点观察部位：柱基、墙角、承重墙下或其他受力较大的部位。

2. 还应有：支承面积、平整度、几何尺寸、拼缝、隔离剂涂刷、平面位置及垂直、梁底模起拱、预埋件及预留孔洞、施工缝及后浇带处的模板支撑安装。

3. 还应有：钢筋连接试验报告、操作者合格证，钢筋安装质量、预埋件的规格、预埋件数量、预埋件位置。

4. 还应有：施工图、设计说明及其他设计文件；材料的产品合格证书、性能检测报告、进场验收记录和复验报告。

【案例 8.3】

【背景】

某六层砖混结构的住宅楼，基础为钢筋混凝土条形基础，委托 A 理公司监理，经过招标投标，B 建筑工程有限公司中标，并成立了项目部组织施工。该工程于 2008 年 3 月 8 日开工，2009 年 1 月 28 日工程整体竣工，并交付使用。施工过程中发生了如下事件：

事件一：主体工程施工完成后，建设单位编制了《主体验收工作预案》。其中针对工程实体准备内容规定：墙面上的施工孔洞按规定镶堵密实，并作隐蔽工程验收记录；混凝土结构工程模板拆除并对其表面清理干净，混凝土结构存在缺陷处整改完成；楼层标高控制线清楚弹出墨线，并做醒目标志；工程技术资料存在的问题悉数整改完成。监理工程师认为内容不全。

事件二：主体工程施工完成后，建设单位组织施工、设计单位进行了验收，验收组成员意见不统一。

【问题】

1. 事件一中，主体结构验收工程实体准备还应包括哪些内容？

2. 事件二中，参加单位应有哪些？验收组成员意见不统一，如何处理？

3. 分部（子分部）工程质量验收包括哪些内容？

4. 门窗工程安全和功能检测项目包括哪些内容？

5. 装饰装修工程质量验收中，分部工程完工验收有哪些内容？

6. 装饰装修工程质量验收中，单位工程竣工验收有哪些内容？

7. 建筑工程档案工程资料的移交有哪些规定？

【分析】

1. 还应包括：（1）施工合同、设计文件规定和工程洽商所包括的主体分部工程施工的内容已完成；

（2）安装工程中各类管道预埋结束，位置尺寸准确，相应测试工作已完成，其结果符合规

定要求；

（3）主体分部工程验收前，可完成样板间或样板单元的室内粉刷；

（4）主体分部工程施工中，质监站发出整改（停工）通知书要求整改的质量问题都已整改完成，完成报告书已送质监站归档。

2．建设、施工、监理、设计单位协商提出解决的方法，待意见一致后，重新组织工程验收

3．（1）分部（子分部）工程所含工程的质量均应验收合格。

（2）质量控制资料应完整。

（3）地基与基础、主体结构和设备安装等分部工程有关安全及功能的检验和抽样检测结果应符合有关规定。

（4）观感质量验收应符合要求。

4．（1）外墙金属窗：抗风压性能、空气渗透性能和雨水渗漏性能。

（2）建筑外墙塑料窗：抗风压性能、空气渗透性能和雨水渗漏性能。

5．分部工程完工验收：建筑装饰装修分部工程由总承包单位施工时，按分部工程验收；由分包单位施工时，装饰装修工程分包单位应按《建筑工程施工质量验收统一标准》（GB50300）规定的程序检查评定。装饰装修分包单位对承建的项目进行检验时，总承包单位应参加，经检验合格后，分包单位应将工程的有关资料移交包单位。

6．当建筑工程只有装饰装修分部工程时，该工程应作为单位工程验收。

当建筑装饰装修工程按施工段由几个施工单位负责施工的单位工程，当其中的施工单位所负责的子单位工程已按设计完成，并经自行检验，也可按规定的程序组织正式验收，办理交工手续。在整个单位工程全部验收时，已验收的子单位工程验收资料应作为单位工程验收的附件。

7．（1）施工单位应向建设单位移交施工资料。

（2）实行施工总承包的，各专业承包单位应向施工总承包单位移交施工资料。

（3）监理单位应向建设单位移交监理资料。

（4）移交工程资料时应及时办理相关移交手续，填写工程资料移交书、移交目录。

（5）建设单位应按国家有关法规和标准的规定向城建档案管理部门移交工程档案，并办理相关手续。有条件时，向城建档案管理部门移交的工程档案应为原件。

8.2 建筑工程施工质量事故分析

【实训目标】

1．能力目标

（1）培养分析处理建筑地基基础质量事故、砌体工程、钢筋混凝土结构工程、钢结构防水工程质量事故的能力。

（2）具有预防地基工程和基础工程、砌体工程、钢筋混凝土结构工程、钢结构防水工程质量事故发生的能力。

2．知识目标

（1）了解事故原因分析的作用；

（2）掌握事故处理的一般程序；

（3）了解防治质量事故的措施。

【实训项目】

【案例 8.4】青海省西宁市"04.27"边坡坍塌事故

一、事故简介

2007 年 4 月 27 日，青海省西宁市某公司基地边坡支护工程施工现场发生一起坍塌事故，造成 3 人死亡、1 人轻伤，直接经济损失 60 万元。

该工程拟建场地北侧为东西走向的自然山体，坡体高 12～15 m，长 145 m，自然边坡坡度 1∶0.5～1∶0.7。边坡工程 9 m 以上部分设计为土钉喷锚支护，9 m 以下部分为毛石挡土墙，总面积为 2000 m²。其中毛石挡土墙部分于 2007 年 3 月 21 日由施工单位分包给私人劳务队（无法人资格和施工资质）进行施工。

4 月 27 日上午，劳务队 5 名施工人员人工开挖北侧山体边坡东侧 5 m×1 m×1.2 m 毛石挡土墙基槽。下午 16 时左右，自然地面上方 5 m 处坡面突然坍塌，除在基槽东端作业的 1 人逃离之外，其余 4 人被坍塌土体掩埋。

根据事故调查和责任认定，对有关责任方作出以下处理：项目经理、现场监理工程师等责任人分别受到撤职、吊销执业资格等行政处罚；施工、监理等单位分别受到资质降级、暂扣安全生产许可证等行政处罚。

二、原因分析

1. 直接原因

（1）施工地段地质条件复杂，经过调查，事故发生地点位于河谷区与丘陵区交接处，北侧为黄土覆盖的丘陵区，南侧为河谷地 2 级及 3 级基座阶地。上部土层为黄土层及红色泥岩夹变质砂砾，下部为黄土层黏土。局部有地下水渗透，导致地基不稳。

（2）施工单位在没有进行地质灾害危险性评估的情况下，盲目施工，也没有根据现场的地质情况采取有针对性的防护措施，违反了自上而下分层修坡、分层施工的工艺流程，从而导致了事故的发生。

2. 间接原因

（1）建设单位在工程建设过程中，未作地质灾害危险性评估，且在未办理工程招投标、工程质量监督、工程安全监督、施工许可证的情况下组织开工建设。

（2）施工单位委派不具备项目经理执业资格的人员负责该工程的现场管理，项目部未编制挡土墙施工方案，没有对劳务人员进行安全生产教育和安全技术交底。在山体地质情况不明、没有采取安全防护措施的情况下冒险作业。

（3）监理单位在监理过程中，对施工单位资料审查不严，对施工现场落实安全防护措施的监督不到位。

三、事故教训

（1）《建设工程安全生产管理条例》（以下简称《条例》）已明确规定了建设、施工、监理和设计等单位在施工过程中的安全生产责任。参建各方认真履行法律法规明确规定的责任是确保安全生产的基本条件。

（2）这起事故的发生，首先是施工单位没有根据《条例》的要求任命具备相应执业资格的人担任项目经理；其次是施工单位没有根据《条例》的要求编制安全专项施工方案或安全技术措施。

（3）监理单位没有根据《条例》的要求审查施工组织设计中的安全专项施工方案或者安全

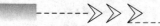

技术措施是否符合工程建设强制性标准。对于施工过程中存在的安全隐患，监理单位没有要求施工单位予以整改。

四、专家点评

这是一起由于违反施工工艺流程，冒险施工引发的生产安全责任事故。事故的发生暴露了该工程从施工组织到技术管理、从建设单位到施工单位都没有真正重视安全生产管理工作等问题，我们应从中吸取事故教训，认真做好以下几方面的工作：

（1）导致建筑安全事故发生的各环节之间是相互联系的，这起事故的发生是各环节共同失效的结果。因此，搞好安全生产，首先要求建设、施工、监理和设计各方要全面正确履行各自的安全职责，并在此基础上不断规范施工管理程序，规范监理监督程序，规范设计工作程序和业主监管程序，使之持续改进，只有这样，安全生产目标才能实现。需要特别指出的是，监理单位是联系业主、设计与施工单位的桥梁，规范监理单位的安全生产职责是搞好安全生产的重要环节。

（2）落实安全责任，实现本质安全。大量事实表明，事故发生的间接原因往往是其发生的本质因素。不具备执业资格的项目经理负责该工程的现场管理是此次事故的一个重要原因。如果本项目有一个合格的项目经理，他就会在施工前认真组织制订可行的施工组织设计并认真实施。同样，如果监理单位认真履行安全监管职责，就会要求施工单位制订完善的施工组织设计或安全专项措施并认真审核。如果这两个重要环节都有人把好了关，这个事故是完全可以避免的。

（3）强化政府监管，规范市场规则。要强化安全生产监管工作，必须通过政府部门的有效监管，规范市场各竞争主体的经营行为。因此，遏制安全生产事故必须从政府有效监管入手，利用媒体舆论监督推动全社会安全文化建设，建设、施工、监理、设计等单位认真贯彻安全法律法规，形成综合治理的局面。

（4）完善甲方责任，建立监管机制。建设单位要依照法定建设程序办理工程质量监督、工程安全监督、施工许可证，并组织专家对地质灾害危险性进行评估。

（5）依法施工生产，认真履行职责。施工单位要认真吸取事故教训，根据地质灾害危险性评估报告制定、落实符合法定程序的施工组织设计、专项安全施工方案；委派具有相应执业资格的项目经理、施工技术人员、安全管理人员，认真监督管理施工现场安全生产工作；认真做好安全生产教育，严格按照相关标准全面落实各项安全措施。

（6）明确安全职责，强化监督管理。监理单位应认真履行监理职责，严格审查、审批施工组织设计、安全专项方案及专家论证等相关资料，发现安全隐患和管理漏洞时，应监督施工单位停止施工，责令认真整改，待验收合格后方可恢复施工。

【案例8.5】河南省郑州市"9.6"模板支撑体系

一、事故简介

2007年9月6日，河南省郑州市航海路与中州大道交叉口北100 m处，某广场B2区工程工地发生一起天井顶盖现浇混凝土的梁、板、柱模板支撑体系发生坍塌事故，造成7人死亡，17人受伤。直接经济损失约596.2万元。

该广场B区工程为框架结构，建筑面积115 993.56 m²，工程造价11 800万元，发生事故是B2区地上中厅四层天井的顶盖，原先设计为观光井，后建设方提出变更，2007年6月22日，设计单位下发变更通知单，将观光井改为现浇混凝土梁板柱。

B2区中厅四层天井模板支撑体系施工方案于2007年8月10日编制。8月15日郑州市某劳

务公司工地负责人刘某在没有见到施工方案的情况下，安排架子班按照常规外脚手架搭设方法开始搭建，28日基本搭建完毕。9月4日上午，建筑公司项目部施工员张某、该公司安全员陈某、劳务公司负责人杨某、监理张某对B2区中厅四层天井模板支撑体系搭设情况进行验收，认为合格。

9月5日上午8点，项目部施工员史某、监理张某、劳务公司负责人杨某等人再次对搭设情况进行验收，认为合格。10点，甲方驻工地代表焦某组织，总监代表尹某，建筑公司工程部经理，技术负责人张某，项目部执行经理赵某，项目部施工员史某，劳务公司负责人杨某和陈某等人对搭设情况进行验收，当时提出脚手架架体稳定性不好，需继续加固。下午，杨某和陈某等人对支撑体系进行了加固。9月6日早饭后，陈某带领5名架子工继续加固支撑体系。7点左右混凝土班长张某通知准备打混凝土。8点张某在没有给工人进行技术交底的情况下，带领23名工人上到B2区裙房四层顶，准备为中厅四层天井顶盖梁板柱进行混凝土浇筑，因混凝土未到，8点30左右劳务公司工长张某在工地又问项目经理能不能浇筑混凝土，项目经理说可以，随后张做了分工，并安排杨某先浇中厅顶板，再浇四周顶板，最后浇中厅的大梁。9点左右，总监代表尹某在医院电话了解到模板支撑体系没按要求进行加固，当即电话通知现场监理于某下发工程暂停令，于打印好后签上总监的名字，交给项目部的资料员王某。王收到后代签了项目经理名字，便把工程暂停令放在项目经理的办公桌上离开。9点30左右，模板支撑体系加固完毕，杨某看以后对陈某提出了立杆间距稀了，应在梁的下面增加立杆。陈某回答增加立杆不好往里顺杆，要加立杆时间最少两天，杨没再说什么，这时泵车已到，10点钟开始打混凝土。中午工人轮流吃饭，14时左右，项目部工长张某发现钢管已经弯了，模板支撑体系已经变形，立即用对讲机向杨某汇报，杨某通过对讲机叫张某让工人加固，张立即跑到楼顶看到工人正在浇筑，立即让工人停止操作，赶快下去，但工人不理。14时25分左右，正在干活的工人只有3名跟张某向东跑，刚跑出不到2 m就听见轰的一声，中厅四层天井的模板支撑体系坍塌了。此时正在B3区的陈某听到响声后立即跑过来，看到中厅四层天井模板支撑体系坍塌就立即拨打了110、120电话，并向相关领导汇报。

事故发生后，市领导立即赶到现场，启动了应急救援预案，成立指挥部，调集200名武警战士、200名消防官兵、300名公安干警以及800多名民工和100名医护人员对现象进行搜救；同时紧急调来有关建筑专家、技术人员和专用搜救设备，制定了科学的抢险方案，采取了有效措施进行了搜救。对抢救出的伤员及时送往医院救治。

此次事故共造成7人死亡、17人受伤，直接经济损失约596.2万元，是一起生产安全较大的责任事故。

对这起事故的有关单位和责任人进行了处理。

1. 对项目部执行经理、工长、安全员、劳务公司负责人、总监代表、监理等8名管理人员移交司法机关追究刑事责任。项目经理被吊销资格证书并给予经济处罚。项目监理被吊销资格证书，终身不予注册。建筑公司工程部经理、安监部经理、公司技术负责人等被撤职处理。其他10多名各级管理人员受到党纪政纪处分和经济处罚。

2. 对单位的处罚：建筑总包单位、劳务公司暂扣安全生产许可证一年，并按规定给予经济处罚。监理公司暂扣监理资质证书一年，并按规定给予经济处罚。

二、原因分析

1. 直接原因

劳务公司在没有施工方案的情况下，安排架子班按常规的外脚手架支搭，导致B2区地上中

厅四层天井顶盖的模板支撑体系稳定性差，支撑刚度不够，整体承重力不足，混凝土浇筑工艺安排不合理，造成施工荷载相对集中，加剧了模板支撑体系局部失稳，导致坍塌。

2. 间接原因

（1）劳务公司现场负责人对施工过程中发现的重大事故预兆没有及时采取果断措施、让工人立即撤离，现场指挥失误。

（2）劳务公司未按规定配备专职安全管理人员，未按规定对工人进行三级安全教育和培训，未向班组工人进行安全技术交底。

（3）建筑公司对模板支撑体系安全技术交底内容不清，针对性不强，而实际未得到有效执行。

（4）项目部对检查中发现的重大事故隐患未认真组织整改、验收，安全员在发现重大隐患没有得到整改的情况下就在混凝土浇筑令上签字。

（5）项目经理、执行经理、技术负责人、工长等相关管理人员未履行安全生产责任制，对高大模板支撑体系搭设完毕后未组织严格的验收，把关不严。

（6）监理公司监理员超前越权签发混凝土浇筑令，总监代表没有按规定程序下发暂停令；对下发暂停令后，工地仍未停工的情况下，没有及时地追查原因，加以制止，监督不到位。

三、事故教训

高大模板支撑体系坍塌的事故，近几年来发生得不少，从这些事故发生的情况看，不外乎是施工人员不按施工方案执行或者没有方案就组织施工。从目前情况看，如果严格按照方案施工，基本上都能保证安全。劳务公司负责人在没有见到施工方案就违章指挥架子班按脚手架的常规做法施工，这是教训之一。

从事故经过看，这起事故并不是突然发生的紧急状态，从发现支撑体系变形到倒塌有半个小时的时间，但工人安全意识差，没有自我保护意识，不听从指挥，如果从发现支撑体系变形以后，人员立即撤离现场，就不会造成严重的伤亡事故，所以加强安全教育提高安全意识，这是教训之二。

在施工程序上安排不合理，没有严格地按照施工方案的程序执行，而是由工长口头上交代，先浇筑中间板、后浇筑梁的方法，造成局部荷载加大，加快了对本已无法承受压力的支撑体系的变形，最终导致整体坍塌，这是教训之三。

四、预防对策

（1）严格执行相关的规范、标准，重新编制施工方案，并严格按编制、审核、审批制度，把好技术方案关，同时严格组织实施。

（2）加强对施工人员的安全教育，提高施工人员的安全意识和自我保护能力，正确处置随时出现的不安全因素。

（3）加强施工现场管理，按要求配备安全管理人员，把好现场安全监督关。

（4）加强特种工的培训，保证特种作业人员持证上岗，防止违章指挥、违章作业和违章操作规程的行为发生。

（5）严格执行施工方案的操作程序，对主要部分用书面形式进行传达，对施工人员就新的施工方案内容进行培训。

五、专家点评

从这起事故的情况看，主要存在以下几个问题：

（1）操作人员未见施工方案就组织搭设模板支撑体系，把施工方案变成了一个摆设。

（2）未按要求进行验收，前面几次验收都认为合格，最后一次验收认为不稳定，需要加固，既然发现隐患，在隐患没有消除之前就进行混凝土浇筑。

（3）施工管理人员对工艺不了解，盲目地安排施工造成工序不合理，施工过程没有管理人员指挥，未及时发现问题并采取措施。

（4）当发现模板支撑体系变形后，施工人员不听指挥，不及时地撤离现场，表现出施工人员安全意识差，没有自我保护能力，必须加强安全教育培训。

建议：

（1）对高大模板支撑体系的专项施工方案要遵守建质〔2009〕87号文件的规定，编制的方案必须按编制、审核、审批的程序进行严格的把关，需要专家论证的必须进行论证，并按专家提出的意见修改后实施。施工方案是指导施工的纲领性文件，必须贯彻到施工班组的作业人员。

（2）加强施工过程的管理。对于这类高大模板支撑体系的支搭过程，要指派专人负责指导，从基础垫板、布杆、间距的控制和剪刀撑的设置，螺栓的扭紧力度等细节要严格的把关，严格执行方案提出的要求，保证体系符合方案的要求，把隐患消灭在支搭过程中。

（3）加强安全教育和培训，特别是专业性较强的专项工程，要求施工人员必须持证上岗，并有较强的安全意识，对危险性较大的工程要有专项的应急预案，并对施工人员进行培训、演练。一旦发现危险，有序地迅速撤离，把损失降至最低。

（4）把好最后一道关。支搭完成后一定要按照施工方案组织验收，对验收过程中提出的隐患必须认真地组织整改落实，不要怕麻烦。存在侥幸心理，对隐患习以为常，事故往往就出在麻痹大意中。

（5）要认真地执行规范、制度。应该说我国现行的有关安全生产的法律、法规、标准规范和企业的规章制度，都比较完善，但真正落实到实处的不多。特别是企业如果都能按规范、制度落实，人人都按自己的责任去做，事故是可以减少和避免的。

【案例 8.6】山东省淄博市"10.10"塔式起重机倒塌事故

一、事故简介：

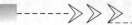

1. 事故发生的时间：2008 年 10 月 10 日 10 时 20 分左右。

2. 地点：张家店沣水镇刘家村建筑工地。

3. 事故经过：2008 年 10 月 10 日 10 时 20 分左右，进行 10 号楼顶层混凝土作业施工，田某（无塔式起重机操作资格证）操作 QTZ-401 型塔式起重机向作业面吊运混凝土。将装有混凝土的料斗（重约 700 kg）吊离地面时，发现吊绳绕住了料斗上部的一个边角，于是将料斗下放。在料斗下放过程中塔身前后晃动，随即塔机倾倒，塔臂砸到了相邻的幼儿园内儿童。

4. 伤亡情况：造成 5 名儿童死亡、2 名儿童重伤，田某轻伤，直接经济损失约 300 万元。

5. 事故级别：这是一起重大责任事故（三级重大事故）。

6. 有关责任者的处理情况：

（1）××公司出借单位资质并将建设项目承包给不具备安全生产条件和相应资质的个人的行为，违反了《安全生产法》第四十一条"生产经营单位不得将生产经营项目、场所、设备发包或者出租给不仅具备安全生产条件或者相应资质的单位或者个人"和《建筑法》第六十六条"建筑施工企业转让、出借资质证书或者以其他方式允许他人以本企业的名义承揽工程"的规定，导致事故发生。依据《生产安全事故报告和调查处理条例》第三十七条第二项之规定，给予××公司处以 40 万元罚款的行政处罚。

（2）刘某，××公司董事长，公司主要负责人。该公司出借施工资质、违法转包行为，违反了《建筑法》第二十六条"禁止建筑施工企业以任何形式允许其他单位或者个人使用本企业的资质证书、营业执照，以本企业的名义承揽工程"的规定，对事故发生负有重要责任。依据《生产安全事故报告和调查处理条例》第三十八条第二项的规定，给予刘某处以上年收入的 40% 罚款的行政处罚。

（3）李某，××公司总经理，公司主要负责人。该公司出借施工资质、违法转包行为，违反了《安全生产法》第十七条"督促、检查本单位的安全生产工作，及时消除生产安全事故隐患"的规定，对事故的发生负有重要责任。依据《生产安全事故报告和调查处理条例》第三十八条第二项之规定，给予李某处以上年收入的 40% 罚款的行政处罚。

（4）刘某，××公司副总经理，公司分管施工合同、投标、质量等方面工作的负责人。出借单位施工资质，与刘家村及无资质的施工队签订《建设工程施工合同》、《承包合同》，违法转包套取利益，违反了《建筑法》第四十四条"建筑施工企业必须依法加强对建筑安全生产的管理，执行安全生产责任制度，采取有效措施，防止伤亡和其他安全生产事故的发生"的规定，对事故发生负有重要责任。依据《生产安全事故报告和调查处理条例》第三十八条第二项的规定，给予刘某处以上年收入的 40% 罚款的行政处罚。

（5）杨某，施工队负责人。不具备安全生产条件，借用他人施工资质承揽工程，不认真履行安全管理职责，使用不具备塔吊安装资质的个体安装队伍安装塔吊，未按规定对塔吊进行验收，使用不具备塔吊操作资格的人员操作塔吊，违反了《建筑法》第十四条"从事建筑活动的专业技术人员，应当依法取得相应的执业资格证书，并在执业资格证书许可的范围内从事建筑活动"、第二十六条"承包建筑工程的单位应当持有依法取得的资质证书，并在其资质等级许可的业务范围内承揽工程"的规定，对事故发生负有直接责任。依法追究杨某刑事责任。

（6）田某，施工现场负责人。签订虚假《承包合同》，招用无资质塔吊安装队伍，使用无塔吊操作资格的人员，未组织制定塔吊管理制度和操作规程，对施工现场管理不力，违反了《建设工程安全生产管理条例》第二十三条"垂直运输机械作业人员、安装拆卸工、起重信号工、登高架设作业人员等特种作业人员，必须按照国家有关规定经过专门的安全作业培训，并取得

特种作业操作资格证书后，方可上岗作业"、第三十五条"施工单位使用施工起重机械，应当组织有关单位进行验收，验收合格的方可使用"的规定，对事故的发生负有直接责任。依法追究田某刑事责任。

（7）靳某、邹某，建设单位负责人。使用无资质施工队伍，未办理住宅楼建设项目规划、建设等手续即开工建设，使用无资质监理单位，工程合同虚签、倒签、管理混乱，违反了《建筑法》第七条"建筑工程开工前，建设单位应当按照国家有关规定向工程所在地县级以上人民政府建设行政主管部门申请领取施工许可证"、《建设工程安全生产条例》第十条"建设单位在申请领取施工许可证时，应当提供建设工程有关安全施工措施的资料"、第七条"建设单位不得对勘察、设计、施工、工程监理等单位提出不符合建设工程安全生产法律、法规和强制性标准规定的要求"的规定，对事故发生负有重要责任。建议给予其党纪处理。

（8）孙某，监理单位施工现场监理人。未取得监理资质，擅自承揽监理业务，伪造他人公司印章，签订虚假《工程监理补充协议》，违反了《安全生产法》第六十二条"承担安全评价、认证、检测、检验的机构应当具备国家规定的资质条件，并对其作出的安全评价、认证、检测、检验的结果负责"以及《建设工程安全生产条例》第十四条第三款"工程监理单位和监理工程师应当按照法律、法规和工程建设强制标准实施监理，并对建设工程安全生产承担监理责任"的规定，对事故发生负有直接责任。依法追究其刑事责任。

（9）王某，塔吊安装负责人。不具备塔吊安装资质，承揽工程。对塔吊未尽检查责任，违反了《建设工程安全生产条例》第十七条"在施工现场安装、拆卸施工起重机和整体提升脚手架、模板等自升式架设设施，必须由具有相应资质的单位承担"以及《建筑起重机械安全监督管理规定》第十条"从事建筑起重机械安装、拆卸活动的单位应当依法取得建设主管部门颁发的相应资质和建筑施工企业安全生产许可证，并在其资质许可范围内承揽建筑起重机械安装、拆卸工程"的规定，对事故的发生负有主要责任。给予其处以 6 万元的经济处罚。

（10）张某、董某，沣水镇长、副镇长。对辖区内大量存在非法建设项目直至取缔不力，履行安全管理职责不到位，对事故的发生负有领导责任。分别给予行政记大过处分，引咎辞职。

（11）张店区、淄博市建设、城管执法、教育部门的有关责任人负有不同责任，分别给予引咎辞职、撤职、行政警告处分。

7. 工程概况：该工程建设单位为刘家村村民委员会；施工单位为淄博××建筑安装有限公司（总承包贰级资质）。2008 年 9 月 11 日，××公司与刘家村村委会签订《建设工程施工合同》，承建刘家村 10 号居民楼建筑面积 4 441 m²，合同造价 355.21 万元。因此时杨某组织的个体施工队已经开始该居民楼工程的施工，××公司与刘家村村委会将合同签订时间签为 2008 年 6 月 10 日。同时，××公司与杨某签订承包合同，将该工程进行了整体发包。杨某施工队是个体施工队伍。经常借用他人施工资质承揽工程，2007 年前曾借用淄博××建筑有限公司资质承建了刘家村 1—5 号住宅楼。后来××公司因故不再出借资质。2008 年 6 月，该施工队在明知没有施工资质的情况下继续承揽了刘家村 10 号住宅楼建设，为应对主管部门检查，杨某打电话给××公司副总经理刘某，商谈借用××公司资质。2008 年 9 月 11 日，杨某安排田某（杨的内弟，该项目施工经理）找到××公司借用施工资质，××公司在未对该项目进行审查的情况下与刘家村补签了一份《建设工程施工合同》。建设单位（刘家村）自 2004 年开始实施旧村改造工程。目前在建的 9 号、10 号两栋住宅楼均未办理立项、规划、建设等审批手续。工程监理人孙某（《工程监理补充协议》签订人），施工现场监理人，2005 年 9 月前担任淄博××监理有限公司经理。2005 年 4 月孙某以××公司经理身份与刘家村签订该村 3 号、5 号住宅楼《建设工程委托监理合同》，对工程实施监理。

2005 年 10 月，孙某离开××公司自己成立一家建筑设计公司。2008 年 6 月，刘家村 10 号住宅楼开工，建设单位在不了解孙某已不再担任××公司经理职务的情况下，要求继续由××公司实施工程监理，××公司对该项目进行审查后，发现建设项目手续不全，因此没有接受监理委托。在××公司不接受监理委托的情况下，孙某不愿放弃对该工程的监理，便伪造、使用淄博××建设监有限公司的技术专用章（不能作为合同、协议用章），刘家村在没有审查××建设监理有限公司与孙某的关系及资质的情况下，签订了《工程监理补充协议》，负责施工现场监理。塔吊安装人王某在不具备安装条件和资质的情况下，组织安装了发生倒塌事故的塔吊，塔吊安装属个人违法行为。

二、原因分析：

1. 事故发生的技术、管理原因：未按规定对塔式起重机进行日常保养维护。管理失控，缺失对关键部件的检查，存在重大隐患。

2. 直接和间接原因：

（1）直接原因：塔式起重机塔身第三标准节的主弦杆有一根由于长期疲劳已断裂；同侧另一根宽度为 140 mm 的主弦杆存在旧有疲劳裂纹，实测为 110 mm。该塔吊存在重大隐患，安装人员未尽安全检查责任。

（2）间接原因：①使用无塔吊安装资质的单位和人员从事塔吊安装作业。安装前未进行零部件检查；安装后未进行验收。②塔吊安装和使用中，安装单位和使用单位没有对钢结构的关键部位进行检查和验收。未及时发现非常明显的重大隐患并采取有效防范措施。③塔吊的回转半径范围覆盖毗邻的幼儿园达 10 m，未采取安全防范措施。④塔吊操作人员未经专业培训，无证上岗。⑤建设、城管执法、教育主管部门贯彻执行国家安全生产法律法规不到位，没有认真履行安全监管责任，对辖区存在的非法建设项目直接取缔不力、安全隐患排查治理不力。

三、事故教训：

（1）建设单位要依法办理并完善有关行政审批手续，按照招投标规定，使用有资质、有技术力量、具备安全生产条件的施工单位和监理单位，确保工程的安全与质量。

（2）各施工单位要认真履行主体责任，加强安全管理，消除事故隐患。

（3）各有关单位要依据有关法律法规加强管理，规范其中机械设备的制造、安装、使用、检验、操作和日常检查，确保设备安全运行。

（4）各级政府和负有安全监管职责的有关部门要认真履行安全生产管理职责，严禁无资质的施工单位进入建筑市场，杜绝建筑行业重大事故的发生。

四、预防对策：

针对事故原因和事故教训，明确指出需要在技术管理、施工管理和安全管理及执行法规等方面应采取的措施。

（1）建设单位要依法办理并完善有关行政审批手续，按照招投标规定，使用有资质、有技术力量、具备安全生产条件的施工单位和监理单位，确保工程的安全与质量。

（2）各施工单位要认真履行主体责任，加强安全管理，消除事故隐患。

（3）各有关单位要依据有关法律法规加强管理，规范其中机械设备的制造、安装、使用、检验、操作和日常检查，确保设备安全运行。

（4）各级政府和负有安全监管职责的有关部门要认真履行安全生产管理职责，严禁无资质的施工单位进入建筑市场，杜绝建筑行业重大事故。

五、专家点评：

这是一起典型的责任事故。施工单位、建设单位、监理单位无视《安全生产法》《建筑法》、

《建设工程安全生产管理条例》等国家法律法规，违反客观规律；政府各级安全生产监管部门未履行监管职责，行政不作为。发生事故是必然的。

防范措施：政府各级安全生产监管部门应吸取教训，依法实施监管责任。各责任单位应加强遵纪守法意识，依法从事生产经营活动。

【案例 8.7】惠州市某花园工程卸料平台坍塌事故

一、事故简介

2003 年 1 月 7 日下午 13 时 10 分，广东省惠州市某花园工地的卸料平台架体因失稳发生坍塌事故，造成 3 人死亡、7 人受伤，初步统计经济损失 55 万元。

二、事故发生经过

惠州市某花园工程项目建设单位是惠州市某房地产开发公司（私营企业），施工单位是惠州市某住宅公司，监理单位是广州某监理事务所惠州监理部。

2002 年 9 月 12 日，惠城区建设局发现该项目未领取"施工许可证"便擅自施工，当即对惠州市某房地产开发公司发出了停工通知书，要求他们在 15 天内到惠城区建设局办理有关施工报建手续。发出停工通知书后，惠城区建设局有关领导和工作人员曾多次督促他们办理施工手续，直至 2002 年 12 月上旬，建设单位才到惠城区建设局补办施工报建手续。2002 年 12 月 9 日，惠城区建设局建设工程发包审核领导小组讨论该项目时，认为该项目未领取"施工许可证"便擅自施工，应按照有关规定进行经济处罚。2002 年 12 月 17 日，惠城区建设局根据有关规定对该项目进行经济处罚后，当即发出了该项目的施工安全监督通知书，要求建设单位和施工单位到惠城区建筑工程施工安全监督站办理建筑施工安全监督手续。2003 年 1 月 3 日，惠城区建筑工程施工安全监督站在工地进行检查时，发现该工地存在严重的施工安全隐患，当场发出整改通知，要求他们在 7 天内整改完毕。但施工单位没有严格按照规定进行整改，致使在整改期内发生事故。

该花园工程原是烂尾楼，由惠州市某房地产公司收购建设开发。6 月份工程动工复建，6 月底该工程项目的现场施工员根据公司的安排，通知搭棚队黄某搭设脚手架，搭设时无设计施工方案，搭设完成后没有经过验收便投入使用。投入使用后，工程队在施工作业过程中，擅自拆除改动卸料平台架体每层 2 根横杆，对平台架体的稳定性造成一定的影响。

12 月月底，为了赶工期，工地施工员根据公司安排，通知搭棚队负责人黄某在工程未完工的情况下，先行拆除 B、C 栋与平台架体相连的外脚手架。1 月 3 日拆完外脚手架后，只剩下独立的平台架体。事故前几天，工程队带班黄某在施工作业过程中，发现卸料平台架体不稳固，向工地施工员报告了此事，但施工员和搭棚队负责人及有关管理人员均未对平台架体进行认真安全检查和采取加固措施。

1 月 7 日下午 13 时，工程队带班黄某安排工人在 B、C 栋建筑进行施工作业。13 时 10 分，平台架体失稳发生坍塌，造成平台作业人员 2 人当场死亡、4 人重伤、4 人轻伤，其中 1 名重伤人员因伤势严重，于 1 月 14 日抢救无效死亡。

三、事故原因分析

1. 技术方面

缺少脚手架搭设方案是此次事故的技术原因。《建筑施工安全检查标准》规定，脚手架搭设前应当编制施工方案。卸料平台应单独进行设计计算，不允许与脚手架进行连接，必须把荷载直接传递给建筑结构。该工程脚手架搭设时，只是由现场施工员向搭棚队负责人黄某安排了工作任务，黄某在即无方案又无交底的情况下，完全根据自己的经验和习惯，随意搭设脚手架，

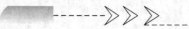

造成该工程脚手架缺少技术依据和论证。卸料平台未进行设计，也没有施工图纸，并违反规定与脚手架连接。在搭设过程中，还随意拆改卸料平台的结构架体，造成卸料平台整体受力结构改变，影响了稳定性。

工序颠倒，施工单位在工程尚未完成的情况下，先行拆除了与平台架体相连的外脚手架，却没有对平台架体采取相应的加固措施。

平台架体与建筑物的拉接过少，在勘察事故现场时，只发现了3根拉结筋。

2. 管理方面

安全生产责任制不落实是此次事故的直接管理原因。该工程搭设卸料平台及外脚手架无设计方案，无验收便投入使用。没有对施工现场的工人进行安全技术交底。施工单位的管理人员安全意识差，未能认真履行职责，职责不明，未认真开展安全检查。施工单位明知存在事故隐患也没有及时纠正和采取防范措施，制度不健全，落实不到位。

劳动组织不合理，造成人员集中，荷载集中造成超载也是事故的原因。施工单位安排在卸料平台上交叉作业，人员过多。未及时清理作业平台残余废料，平台残余废料堆积过多过重，工人违章作业，直接在平台胶板上堆置砂浆进行搅拌作业。取水口设置不合理，造成作业人员集中停留在平台架体过道取水。

四、事故的结论与教训

根据事故有关事实证据材料，事故调查组认定这起事故是违章指挥，违反施工安全操作规定造成的重大责任事故。

该工程施工单位惠州市某住宅公司作为总承包单位，其主要负责人对安全生产工作不重视，监督检查力度不够，安全管理责任不落实，在项目施工建设中，现场施工混乱、没有专职安全员，对施工队违反施工程序作业缺乏有效和有序管理，安全管理不到位，违反了《建筑法》、《安全生产法》等有关规定。对事故发生负领导管理责任。

惠州市某住宅公司项目经理对施工安全管理制度落实不到位，安全管理职责混乱，造成施工现场隐患突出，工人违章作业；此外，不认真进行安全检查，对存在隐患不采取措施跟踪落实整改。对事故发生负有直接责任。

惠州市某房地产公司在没有领取"建筑施工许可证"的情况下，组织施工人员擅自施工作业；对惠城区建设局于2002年9月12日发出的停工通知书置之不理，继续强行施工。对施工场地的作业人员忽视安全教育。直至事故发生时，建设方和施工方未到惠城区建筑工程施工安全监督站办理好有关手续。为赶工期，要求搭棚队违反程序施工。对事故发生负有重要的责任。

惠州市某房地产公司工地代表、工地施工员，作为施工现场主要负责人，对现场施工组织和安全生产负有直接责任。其对工人违章作业熟视无睹，在工程未完的情况下，违章指挥，通知搭棚队先拆除了外脚手架；对施工队反映报告的重大隐患不重视，不采取措施进行加固，不认真开展安全检查和落实防范措施。对事故发生负有主要责任，应依法追究其刑事责任。

惠州市惠城区某搭棚队负责人黄某，根据施工员通知安排，未完工就先拆除外脚手架，明知违反程序，明知存在危险也不采取措施进行加固，对其搭设的架体忽视安全管理。对事故发生负有重要责任。

地区建设行政管理部门有关责任人审批手续把关不严，在没有安监站书面安监材料的情况下，违反规定发放"施工许可证"，属工作中的重大过失。

监理公司对施工现场存在的安全隐患督促整改力度不够，没有进一步加大力度要求施工企业进行整改，对此次事故负有不可推卸的责任。

五、事故的预防对策

建筑施工总承包单位应严格审查分包单位的施工资质,严禁将工程分包给无资质的施工单位。

建设施工单位必须严格遵守作业规程和施工程序,禁止为赶工期和降低成本而违反程序作业,坚决制止违章指挥和违章作业。

惠州市某住宅公司和惠州市某房地产公司应彻底整顿,建立健全安全生产管理制度,建立安全生产检查制度和事故应急预案制度,明确职责,层层落实安全生产责任制,设立安全生产管理机构,配置专职安全员。

严格对工人进行安全教育和技术交底。

开展全面彻底的安全生产检查,对存在的问题要立即采取措施整改,确保符合安全规范标准。进一步教育其他建筑施工单位要认真吸取事故教训,引以为戒,全面开展检查;对存在隐患和违反安全生产的行为,要坚决整改和严肃处理。针对建筑施工安全管理问题多的现状,建议进行全行业安全专项治理活动,切实做到预防为主。

六、专家点评

此次伤亡事故发生的直接原因,是脚手架搭设没有施工方案,拆除作业没有安全交底,卸料平台缺少设计计算,且违章与脚手架连接,从而形成事故隐患。在搭设后又没有按照规定进行验收,使用中缺乏维护管理,以至当杆件被拆除没有及时采取补救措施,再加上违章使用,荷载集中形成超载等导致事故发生。无论是建设单位还是施工单位,绝不能片面追求经济效益,而忽视安全生产。惠州市某住宅公司作为工程的总承包单位,对施工现场安全管理不到位,没有配备专职安全员,对分包的施工队伍违反程序作业缺乏有效的管理,不认真开展安全检查,不及时整改隐患。建设单位忽视安全生产,为赶进度,要求施工队违反程序作业,不落实防范措施,最终酿成重大事故的发生,教训是十分深刻的。

从此次事故可以看出,建设行政主管部门、建设单位和施工单位,都必须严格遵守《建筑法》《安全生产法》和《建设工程安全管理条例》。违反法规,就要付出血的代价。

参 考 文 献

[1] 王熬杰. 建筑工程项目管理[M]. 西安：西北工业大学出版社，2013.

[2] 吕茫茫. 施工项目管理[M]. 上海：同济大学出版社，2005.

[3] 王延树. 建筑工程施工项目管理[M]. 北京：中国建筑工业出版社，2007.

[4] 徐猛勇. 建筑工程项目管理[M]. 北京：中国水利水电出版社，2011.

[5] 叶加冕. 道路工程施工组织与管理[M]. 北京：科学出版社，2012.

[6] 田世宇. 施工项目管理概论[M]. 北京：中国建筑工业出版社，2001.

[7] 毛义华. 建筑工程项目管理[M]. 北京：中国广播电视大学出版社，2006.

[8] 陈天. 建筑工程项目管理[M]. 北京：中国电力出版社，2010.

[9] 周鹏. 建筑工程项目管理[M]. 北京：冶金工业出版社，2010.

[10] 李立增. 工程施工项目管理[M]. 成都：西南交通大学出版社，2006.

[11] 吴立威. 园林工程施工组织与管理[M]. 北京：机械工业出版社，2008.

[12] 王雪青. 国际工程项目管理[M]. 北京：中国建筑工业出版社，2003.

[13] 周建国. 工程项目管理[M]. 北京：中国电力出版社，2006.

[15] 丛培经. 工程项目管理[M]. 北京：中国建筑工业出版社，2006.

[16] 鹤琴. 工程建设质量控制[M]. 北京：中国建筑工业出版社，1997.

[17] 潘全祥. 施工现场十大员技术管理手册[M]. 2 版.北京：中国建筑工业出版社，2005.

[18] 万练建. 建筑工程项目管理实训指导[M]. 天津：天津科学技术出版社，2014.

[19] 全国一级建造师执业资格考试书编写委员会.全国一级建造师执业资格考试用书[M]. 4 版.
北京：中国建筑工业出版社，2015.